青少年受益一生的励志书系

青少年受益一生的名人处世学问

◎总 主 编：汤吉夫
◎本书主编：凌鼎年
◎副 主 编：李晓飞 纪晓力 艾礼虎

九州出版社 JIUZHOUPRESS | 全国百佳图书出版单位

图书在版编目(CIP)数据

青少年受益一生的名人处世学问/凌鼎年主编. –北京：九州出版社，2008.9(2024.4 重印)

(青少年受益一生的励志书系/汤吉夫主编)

ISBN 978-7-80195-887-7

Ⅰ.青… Ⅱ.凌… Ⅲ.人生哲学—青少年读物 Ⅳ.B821-49

中国版本图书馆 CIP 数据核字(2008) 第 149333 号

青少年受益一生的名人处世学问

作　　者	汤吉夫　总主编　凌鼎年　本册主编
出版发行	九州出版社
地　　址	北京市西城区阜外大街甲 35 号(100037)
发行电话	(010)68992190/2/3/5/6
网　　址	www.jiuzhoupress.com
电子信箱	jiuzhou@jiuzhoupress.com
印　　刷	三河市恒升印装有限公司
开　　本	710 毫米 × 1000 毫米　16 开
印　　张	10
字　　数	150 千字
版　　次	2008 年 10 月第 1 版
印　　次	2024 年 4 月第 9 次印刷
书　　号	ISBN 978-7-80195-887-7
定　　价	49.80 元

吃饭与读书(序)

人活着都是要吃饭的，不吃饭没法活，这是硬道理，傻子都懂的硬道理。但是，人活着，跟猪狗鸡鸭毕竟不同，光有饭吃还不行。这个世界几十亿人，大概没有多少光喂饭就能满足的，饿的时候都说，给口吃的就行，一旦吃上了这口，别的需求也就来了。要恋爱、结婚，跟人交往、沟通，要交朋友、挣钱、唱歌，一句话：要学习，得有精神生活。即便理想不高，就当个旧时代的农夫，也得有人教你怎样种地，如何喂牛套车，稍微有点精气神，就会想到出门赶集看戏，有的人还自己学着唱上两口。

精神生活，离不开书。

我们这个国家多灾多难，曾经有很长一段时间，老百姓每天除了吃，不想别的，因为多数时候，吃不饱。那年月，孩子进学校读书，除了课本，家长没钱，也不认为有需要给孩子买点课外的书，甚至孩子看课外书，还会遭到责骂。在家长看来，那些东西没用，上个学，识几个字，会算个账也就行了。在那个时代，众多平民百姓养孩子，跟养猪喂鸡没有多少区别。

后来的中国人，开始有点闲钱了，一对夫妻一个孩儿，宝贝多了，除了把孩子喂得营养过剩之外，也操心孩子的教育。即便如此，过去的思想境界依然左右着他们，家长们宁肯花大价钱，逼着孩子满世界进补习班，学钢琴，学奥数，学英语，学画画，学书法，学围棋，学一切听说可以提高素质的玩意儿，但就是没时间让孩子老老实实坐下来看本书。跟过去一样，众多的家长认为，课外书没用，耽误孩子学习。

就这样，在课本强化和补习班也强化的双重压力下长起来的一代又一代独生子女，有一半还没进大学，先折了，什么也考不上，除了打游戏，什么兴趣都没有；另一半考上的，进了大学不少人也开始放羊，加上大学这些年质量也在下降，因此，即便太太平平毕了业，进入社会，感觉身无长技、无所适从者至少要占一半以上。

这是一个没有人看书的时代。据有关部门统计，我们国家每年的出版物，教材要占到60％以上，剩下不足40％的出版物。还要扣除10％左右的教辅读物，也就是说，中国的书，绝大多数都是强迫阅读的，真正属于读者出于自己需求而主动阅读的书，不到整个出版量的20％，跟发达国家相比，正好倒过来。

现在国人最喜欢说的一个词，就是“素质”，但恰恰国人的素质，不敢恭维，一代代越来越不喜欢读书的后辈，素质更是每况愈下。

课本，给不了人素质，课外补习，也给不了人素质，素质的养成，要靠书，课外书。人生在世，不是活在真空里，什么事儿都可能碰上，要学会跟人打交道，更要学会跟自己打交道。如何待人处事，如何交友待客，如何跟人沟通、开展讨论，如何说服别人；进而如何开阔心胸、拓展视野、修炼心性、磨炼意志、增强自信，尤其是如何面对挫折和困境，保持自己良好的心态；再进一步，如何看待友谊，看待背叛，如何面对恋情，如何面对失败，如何面对财富，以及失去的财富，这一切的一切，都需要学，但是课本教不了你。课本里，有知识，有技能，但唯独难以陶冶你的性情，锻造你的心性。素质是一种软实力，一种可以凭借知识和技能无限放大的能量；如果一个人只有专业知识和技能，而缺乏相应的软实力，就像一台电脑，尽管性能良好，但缺乏必要的软件，也一样等于废物。

本人从教30多年，教过的学生不计其数，但从来没有见过哪怕一个不爱读书的学生日后有出息的。人的所有，差不多都是学来的，家庭可以教你，社会也可以教你，但一个有出息的人从中获益最多的，还是书本。从这个意义上说，学会了读书，就有了一切。吃饭是为了活着，但活着不能为了吃饭。一个人想要活得好，活得有滋有味，那么，就得把书当粮食来看。孔子闻韶乐，三月不知肉味，对于一个读书人来说，书就是韶乐，只有肉，没有书，肉也不香。不能说这样的人都有出息，但至少，这样的人才可能有点出息。

现在，许多家长都希望把自己的孩子培养成贵族。当然，我想这些家长们，不是想让自己的孩子住进欧洲的城堡，天天穿着燕尾服，只是希望孩子能有贵族的气质和教养。欧洲太远了，中国自宋代以后就没了贵族，但自古就有书香门第。一个家族，只要几代都有读书人，家藏有几柜子的书，就是读书人家，缙绅人家，这样的人家，教养、品位、知书达礼，所有的一切，不是血统的遗传，而是从世代的书香里来的。

读书要读好书，读能跟那些绝代的成功者、大师们对话的书。世界上存在过那么多杰出人士，他们的成功为世人仰慕，各有各的理由，个中道理，在他们的文章中有，但要靠仔细读了之后自己悟。没有机会追随大师的左右，经大师亲授，但只要读他们的文字，也可以升堂入室。众多的成功者、大师汇聚起来，变成一本不厚的书，摆在我们的眼前，《"读·品·悟"青少年受益一生的励志书系》就是这样的一套好书。古人云：开卷有益。

张　鸣

6月6日 于北京

张鸣　1957年生，浙江上虞人，中国人民大学政治学系教授、博士生导师。有《武夫当权——军阀集团的游戏规则》、《乡土心路八十年——中国近代化过程中农民意识的变迁》、《再说戊戌变法》、《乡村社会权力和文化结构的变迁（1903-1953）》、《近代史上的鸡零狗碎》、《大历史的边角料》等多部学术著作出版；另有《直截了当的独白》、《关于"两脚羊"的故事》、《历史的坏脾气》、《历史的底稿》、《历史空白处》等历史文化随笔陆续问世，引起巨大反响，其中《历史的坏脾气》荣登近几年畅销书排行榜。

第1辑

君子坦荡荡

君子坦荡荡，小人常戚戚。为人处世的最大智慧，就是做一名心宽德厚的君子，正直厚道，襟怀坦荡。

君子就像幽蓝夜空中的一轮明月，皎洁澄澈，清辉万里。他们不奸巧伪诈，不霸道骄横；他们仁厚谦和，坦率真诚，勇敢无畏。他们不仅能够泰然自若地面对荣辱浮沉，获得内心的安宁与淡定；更会赢得他人的尊重和钦佩，赢得人心，收获友谊和成功。

第 2 辑
宽容是一种爱

人非圣贤,孰能无过?面对他人的失误或过错,我们应该宽容为怀,抱着谅解大度的心态。宽容是一种爱,爱你的对手,爱这个世界,我们面前的道路就会无限宽广,我们的朋友就会越来越多,我们的烦恼就会越来越少,我们的笑容就会随之增多。

宽容谅解他人,自己不会失去什么,却能获得心灵的宁静和升华。"有容乃大",这样的宽厚善良会把我们变成生活的强者和智者。

第 3 辑

真实的高贵

外界总是容易变化的，我们身处的环境、交往的对象也不是固定不变的。我们所应该做的，就是顺应外界的变化，随时调整自己的姿态，以适应社会。但这只是策略，更重要的，是我们要坚持原则，保持内心的真实与高贵。

良心和道德是铺就成功之路的基石。坚持本真，坚持自己的良知和真诚，我们的内心就会更加坚实，更加高贵。

第 4 辑

人间随处有乘除

行走于世，要讲求一种平衡。有得必有失，有荣也有辱，“人间随处有乘除”，人世间就如一座天平，这头高了那头低，这头低了那头高，不必想不开；重要的是，我们要有一颗平和的心，争取以超然的心态对待世事。

在轻与重之间，得与失之间，热闹与孤独之间，浮躁与沉静之间，我们要学会选择，懂得维持平衡。

第 5 辑

将礼貌随身携带

每个人都有尊严。与人交往，应懂得尊重、体谅他人，不可唯我独尊，我行我素，不顾及他人的自尊心。谦恭处世，礼貌待人，是和谐人际关系的润滑剂。

一个真正有谦恭之心的人，总是将礼貌随身携带，由内而外散发着高雅的气息，举手投足间流露着一股亲和力。他们对一切人，不论尊卑大小，都恭敬谦和，以礼相待。

第6辑

通向友人之路

人生一世，离不开与他人的交往，更离不开友谊。与人来往，结交朋友，是人类的本能之一，它决定一个人生活世界的宽度和感情世界的厚度。

我们应该乐于交友，乐于群处，以仁厚、公正之心对待他人，无论和什么人交往都能一视同仁，在道义上团结他人，在感情上理解他人，在困难面前帮助他人。如此，我们的人生路上就总会绽放友谊之花。

努力做到举止文雅，为人随和，宽宏大量。有了这种品质，所有的大门都会向你敞开，无论你走到哪里都会畅行无阻，受人欢迎。

第 1 辑 君子坦荡荡

君子坦荡荡，小人常戚戚。为人处世的最大智慧，就是做一名心宽德厚的君子，正直厚道，襟怀坦荡。

君子就像幽蓝夜空中的一轮明月，皎洁澄澈，清辉万里。他们不奸巧伪诈，不霸道骄横；他们仁厚谦和，坦率真诚，勇敢无畏。他们不仅能够泰然自若地面对荣辱浮沉，获得内心的安宁与淡定；更会赢得他人的尊重和钦佩，赢得人心，收获友谊和成功。

作者简介 塞缪尔·斯迈尔斯(1812~1904) 英国19世纪伟大的道德学家,著名社会改革家和散文随笔作家。主要作品有《自己拯救自己》、《品格的力量》、《金钱与人生》、《人生的职责》等。这些作品在全球畅销一百多年而不衰,塑造了近现代西方道德文明的精神风貌。

真正的优雅

□[英]塞缪尔·斯迈尔斯

一个人的优雅举止会使他充满魅力,即便是一个普通工人,如果他举止优雅,也会赢得人们的尊敬。

在现实生活中,一个人的言行举止直接关系到一件事情的成败得失,它甚至比一个人的内在品质更容易引起人们的瞩目。因而米德尔顿大主教告诫人们:"高贵的品质一旦与不雅的举止纠缠在一起,也会让人充满厌倦。"

热情有礼的举止有如和畅的春风,它常常会吹动成功的硕果,而粗鄙的言语与不良的举止会使你的交易障碍重重。

哈金森就是一个有风度和魅力的人,对于他的举止,哈金森夫人曾做过详尽的描述:"他这个人宽容大度而坦诚,对于那些地位卑下者,他从来不敢有丝毫怠慢;对那些出身显贵者,他从来不阿谀逢迎。在业余时间,他总是和那些最普通的士兵和最穷困的劳动者在一起,他从心底里尊重他们。"

很多时候,一个人的言谈举止反映出一个人的兴趣、爱好、情感。因此,这些仪表风度就意义重大,不容忽视。但人为的礼节性规则并没有太大价值。它们往往具有并不礼貌、并不诚实的内涵。这种礼节、礼仪只是优雅举止的一种装饰。

爱默生曾说:"优美的身姿胜过美丽的容貌,而优雅的举止又胜过优美的身姿。优雅的举止是最好的艺术，它比任何绘画和雕塑作品更让人心旷神怡。”

真正的优雅出自善良，出自对别人人格的关心。如果希望别人尊重自己，就要善于尊重他人，就要关注别人的思想、情感，即使别人的思想观点与自己的大不相同，也要善于容纳。真正举止优雅的人总是尊重他人的思想，从不强求一律，有时他得控制自己的情绪，虚心听取他人的看法。他善于宽容，不轻易做任何刻薄的评论。

相反，一些粗鲁的人不会尊重别人，他们宁可失掉自己的朋友而不去收敛言行。这种不顾及别人人格者，毫无疑问是傻子。约翰逊博士说过：“每个人都无权说粗鲁的语言，更无权表现他粗鲁的举止。恶毒的言行是昂贵之物，它很容易将人击倒，并且还比将一个人击倒更令人痛恨。”

明智的、优雅的人是一些非常有礼貌的人，他们从来就不会表现出自己比邻居更优越、聪明或富裕。他们从来不向别人夸耀自己的职业、地位和出身，或者炫耀自己的履历。相反，他们总是特别谦恭，他们总是靠自己优雅的行为而不是靠自己的言语来表达自己的内在品质。

而自私者通常都不懂得尊重他人的感情，总是会有许多令人厌恶的举动。他们往往天性恶毒，缺乏对他人的同情之心，无视那些使人欢乐和痛苦的生活细节，因而也可以说，判断一个人的良好修养主要在于这个人在日常的生活中是否有同情他人的情感。

没有一点儿礼貌的人是令人难以忍受的。这种人总会给人带来莫名其妙的烦恼，与这种人交往，没有一个人会感到舒心。正是由于不懂礼貌，许多人一辈子都在与自己制造的种种麻烦作斗争。由于他们的粗鲁，成功与幸福总是离他们很远，苦恼和麻烦总是离他们很近。

如同一个人的天赋一样，一个人的性格对于他的成功有重大影响。因为一个人的幸福取决于他生性乐观的性格，取决于他的谦恭有礼和友善的交际以及乐于助人的品质。

大多数不礼貌的行为都会让人不快。譬如有些人的衣服长久都不洗；有些人过于豪侠，总是蓬头垢面，这副尊容就是不尊重他人的表现。

处世让一步为高，退步即进步的张本；待人宽一分是福，利人是利己的根本。
——（明）洪自诚

与你共享

真正的优雅意味着对他人的尊重，它绝对不是表面上的所谓绅士风度。这份优雅里包含着的是对别人的理解、友善、认可和关心，体现出的则是人与人之间的一种平等。真正的优雅来源于良好的自我修养，是从美丽的心灵深处绽放出的绚烂奇葩。（史婷婷）

作者简介

史铁生　1951年生，北京人。当代著名作家。小说《我的遥远的清平湾》、《奶奶的星星》分获1983年、1984年全国优秀短篇小说奖。另著有散文集《我与地坛》、《病隙碎笔》，长篇小说《务虚笔记》等。

和中学生交心

□ 史铁生

高一(3)班全体同学：

各位好！

谢谢来信。46封一一读过，无不让我感动；尤其是封封有感而发，绝少套话。这要归功于程老师的教学思想，当然也与各位高材生的勤学分不开——北大附中嘛，名不虚传。

我只上到初中二年级，“文革”一来即告失学，故一直对“高中”二字心存仰慕(更别说大学了)。今得各位夸奖，心中不免沾沾。人都是爱听好话的，虽非罪过，但的确是人性之一大弊端，所幸私下常存警惕。

互相称赞的话还是少说，虽然都是真心。说点儿别的。

我有个小外甥，也上高一，我送给他4个字：诚实，善思——依我的经验，无论古今、未来，也无论做什么工作，这都是最要紧的品质。学历高低，智商优劣，未必是最重要的，我一向以为对情商的培养才是教育的根本。所谓"知己知彼，百战不殆"，"知彼"多属智商，比如分析力、想象力、记忆力以及审时度势的能力；"知己"则指情商，是说要有了解自己、把握自己的能力。情智兼优自然最好，却偏偏智商一项由不得人，那就在情商上多下工夫吧。

一个人如何才能有所成就呢？依我看，一要知道自己想干吗，二要知道自己能干吗，三还要知道自己必须得干吗。

听说某些人考大学，一味投奔那些高分录取的专业，生怕糟蹋了分，结果倒忘了自己喜欢什么和自己的才能在哪儿。如此盲从，我担心他一辈子都是人云亦云，即便虚名屡屡，也难真有作为。

什么是"必须得干"的事呢？比如说你得吃饭吧？得活命吧？凭什么你总能干着自己喜欢的事，却让别人管你的饭？换句话说：凭什么他人俗俗，你独雅雅？幸好，二十几岁时我明白了这个理儿，就到街道工厂去干活了，先谋一碗饭吧，把自己从负数捞回到零，然后再看看能否进步。炸酱面有了，再干吗呢？我想起上学时作文一向还好，兼有坎坎坷坷的二十几年给我的感受，便走上了写作这条路。幸好是走下来了，其实走不下来也是很有可能的。不过我想，只要能够诚实地审视自己(知己)，冷静地分析客观(知彼)，谁都会有一条恰当的路走。

说说文学。谁都会说"文学"，但未必说的是一码事；"文学"二字，乃天底下含义最为混淆的词汇之一。

常有人问我："您写啥呢？"我说小说。"什么题材呀？"我却回答不出。一般这样提问的人，心中预期的回答大概是"工业题材"、"农业题材"、"军事题材"等等——真不知这话是谁发明的，根本就不像话！你要说"工人题材"、"农民题材"倒还靠谱儿，"文学即人学"嘛。这类不像话的话，我猜是由一度被奉为金科玉律的写作理论——"深入生活"——引出来的。所谓"深入生活"，大概的意思是：你要写作吗？那你就得到农村去待一阵子，到工厂去待一阵子，或者到军营、医院乃至监狱去待一阵子，体验体验那儿的生活。我就想了，以我的身体条件是断不能实践这套理论的，那么是不

处人不可以任己意，要悉人之情；处世不可以任己见，要悉事之理。
——(明)吕　坤

是说，一个大半时间坐着、少半时间躺着的人就不配写作了？我挺不服气，心想凭什么你们的一辈子是“深入”，我的一辈子倒是“浅入”？于是不管那套，既然有想法，我就写吧。

后来我才慢慢明白，要让那条金科玉律不死，非得中间加上“思考”二字而不可，即：深入思考生活。其实，任何生活都有深意，唯思考可使之显现。生活，若仅仅是经历，便似一次性消费，唯能够不断地询问它、思考它、向它要求意义，生活才会漫延得深远、辽阔。所谓胸襟宽广，所谓思想敏锐，并不取决于生活的样式，而是与你看它的角度与深度相关。最为深远、辽阔的地方在哪儿？在心里——你心里最为深隐的疑难，和你对它最为诚实的察看（顺便说一句，诚实，并不是说你就不能有隐私、有秘密，而是说你不要对自己有丝毫隐瞒。有些事说出来不好意思，你也可以不说，但你不可以不想，不能一闭眼就算它没了）。比如作文写得好不好，并不在于你怎样活过，而在于你怎样想过，或想没想过。有同学问我是怎么写《我与地坛》的？我的经验是：到那儿去待一阵子不行，待一辈子也未必就行，而是要想、要问。好像是爱因斯坦说过，提出问题比解答问题更要艰难。超棒——从王迪同学信中学到的一个词——之人，多有一脑袋或一辈子的疑问，因而才有创造。

所以，学习也是一辈子的事。我常跟我的小外甥说，就算你北大了，清华了，博士后了，学习也不过才开始。世界上那么多书，还不够你读？人世间那么多疑难，还不够你想？读书重要，思想更重要。书是人写的，古圣贤之前并没有书，或只有很少的书，何以他们竟能写出前无古人的书呢？还是要靠观察，靠感受，靠思想。因此就不必为北不北大、清不清华过分忧虑。你跑一阵子，我跑一辈子，还不行吗？我早就认定自己的智商是中等，这份诚实（情商）让我受益匪浅。俗话说了，小时候胖不算胖。人生确实像爬山，每爬一段都会有些人停下来。北大了，清华了，那不过是说起跑还不错，但生活是“马拉松”，是“铁人三项”，是“西绪福斯式”的没完没了。

再说了，就算你北大了、清华了、剑桥了、哈佛了，“诺贝尔”了，就一定是成功的人生吗？比如说，你一辈子也没别人一阵子跑得远，这咋办？又比如说，你一阵子比别人一辈子跑得还远，然后又咋办呢？怎样才算成功？什么才是成功的人生？——这就算我留给各位后生高材们的问题吧。提醒一句：这问题，你不回答你就停下来了，你回答你就别想靠一阵子；反正是愚钝如我者已然大半辈子了，尚未找到标准答案。

祝新学期一切顺利！

人生就像一条路，不走就不会有路，而停下来就意味着路到了尽头，路的方向只能由我们自己去把握，"知己知彼"无疑会让我们更好地掌握前进的方向。如果让我们试着去回答史铁生先生的问题，答案可能是这样的：成功的人生，就是向成功走去的过程。（史婷婷）

作者简介

乔治·沃克·布什　1946年生。美国第54届总统。1994年，竞选得克萨斯州州长并获得成功；1998年竞选连任，成为该州历史上首位得以连任的州长。2000年8月，被共和党提名为总统候选人，并当选为总统。2004年11月，再次当选为美国总统。

自己的责任

□ [美]乔治·沃克·布什

我们国家的许多人都不知道贫穷的痛苦，但我们可以听到那些感触颇深的人们的倾诉。我发誓我们的国家要达到一种境界：当我们看见受伤的行人倒在远行的路上，我们绝不会袖手旁观。

正处于鼎盛时期的美国重视并期待每个人担负起自己的责任。

鼓励人们勇于承担责任不是让人们充当替罪羊，而是对人的良知的呼

要善于处世，不过，可别成为处世的专家。

——[英]弗兰西斯·昆尔斯

唤。虽然承担责任意味着牺牲个人利益,但是你能从中体会到一种更加深刻的成就感。

我们实现人生的完整不单是通过摆在我们面前的选择,而且是通过我们的实践来实现。我们知道,通过对整个社会和我们的孩子们尽我们的义务,我们将得到最终的自由。

我们的公共利益依赖于我们独立的个性;依赖于我们的公民的义务、家庭纽带和基本的公正;依赖于我们无数的、默默无闻的体面行动,正是它们指引我们走向自由。

在生活中,有时我们被召唤着去做一些惊天动地的事情。但是,正如我们时代的一位圣人所言,每一天我们都被召唤带着挚爱去做一些小事情。一个民主制度最重要的任务是由每一个人来完成的。

我为人处世的原则包括:坚信自己而不强加于人,为公众的利益勇往直前;追求正义而不乏同情心,勇担责任而绝不推卸。我要通过这一切,用我们历史上的传统价值观来哺育我们的时代。

你们所做的一切和政府的工作同样重要。我希望你们不要仅仅追求个人享受而忽略公众的利益;要捍卫既定的改革措施,使其不会轻易被攻击;要从身边小事做起,为我们的国家效力。我希望你们成为真正的公民,而不是旁观者,更不是臣民。你们应成为有责任心的公民,共同来建设一个互帮互助的社会和有特色的国家。

美国人民慷慨、强大、体面,这并非因为我们信任我们自己,而是因为我们拥有超越我们自己的信念。一旦这种公民精神丧失了,无论何种政府计划都无法弥补它。一旦这种精神出现了,无论任何错误都无法与其抗衡。

在《独立宣言》签署之后,弗吉尼亚州的政治家约翰·佩齐曾给托马斯·杰弗逊写信说:"我们知道,身手敏捷不一定就能赢得比赛,力量强大不一定就能赢得战争。难道这一切不都是上帝安排的吗?"

杰弗逊就任总统的那个年代离我们已经很远了。时光飞逝,美国发生了翻天覆地的变化。但是有一点他肯定能够预知,即我们这个时代的主题仍然是:我们国家无畏向前的恢宏故事和它追求尊严的淳朴梦想。

我们不是这个故事的作者,是杰弗逊作者本人的伟大理想穿越时空,并通过我们每天的努力在变为现实。我们正通过大家的努力在履行着各自的职责。带着永不疲惫、永不气馁、永不完竭的信念,今天我们重树这样的目标:使我们的国家变得更加公正、更加慷慨,去验证我们每个人和所有人生命的尊严。

这项工作必须继续下去,这个故事必须延续下去。上帝会驾驭我们的航行。

愿上帝保佑大家! 愿上帝保佑美国!

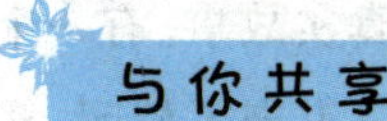

与你共享

一个人的责任和他的价值是息息相关的,从某种意义上讲,我们正是通过承担和履行责任,来实现生命的意义。只强调自我而忽略责任,则意味着逃避。正是众多承担着责任的肩膀,撑起了人生的目标,也撑起了国家、民族乃至世界的天空。 (史婷婷)

作者简介

白岩松　蒙古族,中央电视台新闻评论部主持人。1968 年出生于内蒙古海拉尔市。先后参加了香港回归、三峡大江截流、中国加入 WTO 等重大活动的新闻报道,任中央电视台《东方时空》、《新闻会客厅》和《新闻周刊》等栏目主持人。

人格是最高的学位

□ 白岩松

很多很多年前,有一位学大提琴的年轻人去向 20 世纪最伟大的大提琴家卡萨尔斯讨教:我怎样才能成为一名优秀的大提琴家?

和别人相处要学的第一件事,就是对于他们寻求快乐的特别方式不要加以干涉,如果这些方式并没有强烈地妨碍我们的话。 ——[美]戴尔·卡耐基卡萨尔斯面对雄心勃勃的年轻人，意味深长地回答：先成为一名优秀和大写的人，然后成为一名优秀和大写的音乐人，再然后就会成为一名优秀的大提琴家。

听到这个故事的时候，我还年少，老人回答时所透露出的含义我还理解不多，然而随着采访中接触的人越来越多，这个回答就在我脑海中越印越深。

在采访北大教授季羡林的时候，我听到一个关于他的真实故事。有一个秋天，北大新学期开始了，一个外地来的学子背着大包小包走进了校园，实在太累了，就把包放在路边。这时正好一位老人走来，年轻学子就拜托老人替自己看一下包，而自己则轻装去办理手续，老人爽快地答应了。近一个小时过去，学子归来，老人还在尽职尽责地看守。谢过老人，两人分别。

几日后是北大的开学典礼，这位年轻的学子惊讶地发现，主席台上就座的北大副校长季羡林正是那一天替自己看行李的老人。我不知道这位学子当时是一种怎样的心情，我听过这个故事之后强烈地感觉到：人格才是最高的学位。

这之后我又在医院采访了世纪老人冰心。我问先生，您现在最关心的是什么？

老人的回答简单而动人：是年老病人的状况。

当时的冰心已接近自己人生的终点，而这位在80年前五四运动爆发那一天开始走上文学创作之路的老人，心中对芸芸众生的关爱之情历经近80年的岁月而仍然未老。这又该是怎样的一种传统！

冰心的身躯并不强壮，即使年轻时也少有飒爽英姿的模样，然而她这一生却用自己当笔，拿岁月当稿纸，写下了一篇关于爱是一种力量的文章，然后在离去之后给我们留下了一个伟大的背影。

今天我们纪念五四，80年前那场运动中的呐喊、呼号、血泪都已变成一种文字停留在典籍中，每当我们这些后人翻阅的时候，历史都是平静地看着我们，这个时候，我们觉得80年前的事已经距今太久了。

然而，当你有机会和经过五四或受过五四影响的老人接触后，你就知道，历史和传统其实一直离我们很近。

世纪老人在陆续地离去，他们留下的爱国心和高深的学问却一直在我们心中不老。但在今天，我还想加上一条，这些世纪老人所独具的人格魅力是不是也该作为一种传统被我们向后延续？

前几天我在北大听到一个新故事，清新而感人。

一批刚刚走进校园的年轻人，相约去看季羡林先生，走到门口，却开始犹豫，他们怕冒失地打扰了先生。最后决定每人用竹子在季老家门口的土地上留下问候的话语，然后才满意地离去。

这该是怎样美丽的一幅画面！离季老家不远，是北大的博雅塔在未名湖中留下的投影；而在季老家门口的问候语中，是不是也有先生的人格魅力在学子心中留下的投影呢？只是在生活中，这样的人格投影在我们的心中还是太少。

听多了这样的故事，便常常觉得自己是只气球，仿佛飞得很高，仔细一看却是被浮云托着：外表看上去也还饱满，但肚子里却是空空，这样想着就有些担心啦，怎么能走更长的路呢？

于是，“渴望年老”四个字对于我就不再是幻想中的白发苍苍或身份证上改成60岁，而是如何在自己还年轻的时候，便能吸取优秀老人身上所具有的种种优秀品质。

于是，我也更加知道了卡萨尔斯回答中所具有的深义。怎样才能成为一个优秀的主持人呢？心中有个声音在回答：先成为一个优秀的人，然后成为一个优秀的新闻人，再然后是自然地成为一名优秀的节目主持人。

我知道，这条路很长，但我将执著前行。

与你共享

为人处世，最能打动别人心灵的不是其身份的高低，而是自身人格的优劣。地位的尊贵也许能获得别人的羡慕，人格的高尚却能获得别人的敬仰。具有高尚人格的人，浑身散发出迷人的魅力，能与周围的人友好相处。

（史婷婷）

要建立良好的人际关系，先要多了解每一个人所持有的主观信条和所处环境，进而对之谅解，并尊重其人格，沟通思想。
——［日］桐田尚作

作者简介

李咏　1968年生于新疆。1991年毕业于北京广播学院。中央电视台主持人。在中央电视台先后做过记者、编导，1998年开始做综艺节目主持人，同年主持《幸运52》。2005年《梦想中国》总设计师。2003~2005年三次被评为“十大优秀栏目播音员、主持人”。

请你坚持自己的个性

□ 李　咏

1998年10月，我第一次主持《幸运52》时，上了台就紧张，话不知道咋说，站不知道咋站，额头冒汗，腿肚子抽筋，外加说话前后颠倒，表情极不自然，最后大败而归。

晚上，我在外面独自一人喝酒喝到很晚才回家。回到家，哈文见我萎靡不振的模样，也不说话，只默默为我准备了洗澡水和醒酒茶，然后就安排我睡下了。第二天，我的心情依旧没有好转，到了上班时间，我却害怕去台里了。但看她为我准备好了要出门的衣服和鞋子，我只好悻悻地起床。临出门时，她叫住了我，对我说：“李咏，无论你做什么，我希望你能坚持自己的个性，永远，永远。”

哈文不是第一次对我说这样的话了。当初谈恋爱时，家里每月给我的生活费是100块钱，常常半个月就把钱花完了，然后我就直接对她说：“我的钱用完了，该用你的了。”放别人，早把我甩了，可她却说：“我就喜欢你这样的个性，希望你能坚持下去。”

我还能说什么呢？出了家门，那句话就使我浑身充满了力量。我去了台里，大家都奇怪地看着我，因为昨天节目失败的阴影完全没有在我身上显现。我照常说笑，照常登台，第二次录播，那种怯场的感觉居然一扫而空，我那种“老说大实话”的说话风格引来了台下的喝彩声。我成功了。

那时候从观众到台里，许多人看不惯我。我忍着，打掉的牙，我往肚里吞。我自己有时候都想改了，但马上就想到了哈文那句话。是的，改了就不是我了。对我来说，一个主持人，个性非常关键，从出现在屏幕上开始，就得有让别人随便去说东道西的心理承受力。就这样，我的主持风格定了下来：不管我长什么样，穿什么样，我都始终保持着热情真诚的态度，不管遇上谁，有话咱直说，大家一起玩儿。

没想到后来，喜欢我的观众越来越多，个性竟成了我节目成功的一个法宝。自从《幸运52》开播以来，这么多年我的服装款式和发型基本没变过，有人说你为啥不变，我说这就是我——李咏！

这之后，2003年，我又参与策划了《非常6+1》，同样地我把自己的个性很好地融入了节目里面。2005年，我又担纲设计了《梦想中国》，策划了一场沸沸扬扬的全民造星运动。我们的口号是“激情成就梦想”，说白了就是说一个人要敢于坚持自我，坚持自己的个性。因为我已经想明白了：如今的社会，没有比个性更重要的事了。如果你不坚持自己的个性，就很容易迷失在群体的平庸里。

所以，无论如何，请你坚持自己的个性。这句话不只是说给别人的，同时也是别人对我最大的要求和忠告。

与你共享

一个人的个性就像是某种品牌的标签，有了它，才能显示出我们的独一无二和与众不同，让我们能够从人群中脱颖而出。也正是因为与众不同，所以总会引起他人的非议，但只要我们能坚持住，就会发现，个性代表的正是我们自己。（史婷婷）

一个人的态度和气质应使人近而敬之，而不要敬而远之，或近而轻之。——一凡

作者简介

罗兰　女，原名靳佩芬，1919年生于河北宁河，后移居台湾。知名作家。曾任音乐教员、广播电台编辑、节目制作主持人、专栏作家。已出版作品30余种，包括《罗兰小语》、《罗兰散文》、《飘雪的春天》、《绿色小屋》，散文体自传《岁月流沙》三部曲等，读者遍及海内外。

爱你自己的个性

□（台湾）罗　兰

常有人问："不容易与人相处是否由于修养不够所致？看这方面的书有没有用处？我们要随俗一点吗？"

其实，不容易和人相处算不了什么大问题，尤其是年轻人，正是极容易流露个性的时候，而且也只有自然流露自己的个性，不肯曲意迎合的年轻人是正常可爱的年轻人。我一向喜欢年轻人的见棱见角，而不大欣赏年轻人圆滑老成，用像中年人一样世故的手段去待人接物。我认为，只要你不故意去侵犯别人，你独来独往的个性正是一个可爱的个性。

修养的书虽然应当看，而且看了之后也确实会有益处，但那好处也正如我们吃饭一样，吃下去不会马上变成营养，而要慢慢经过消化吸收之后，才可以对你发生作用，才能有益于你的待人接物。

而且，在基本上来说，所谓处世和修养，目的并不是要我们改造自己去使别人来喜欢我们，而是教我们知道怎样去认识自己，看重自己和怎样在环境不能尽如己意时，用以自处。因为事实上，我们不能希望每一个人都喜欢我们，因为个性习惯不同，也不可能和任何人都相处得来。

一个懂得处世之道的所谓有修养的人，也无非是一个懂得和谈得来的人多谈，和谈不来的人保持一个和平淡远的距离的人；他不为对方对自己不友好而不高兴，也不勉强自己去迎合别人。

当有了性情相投的朋友时，可以尽兴畅谈；当没有相投的朋友时，也不必觉得寂寞，因为那不一定是你的错。

而事实上，一个人做到这种“对友情听其自然”的地步，他自然就会有一种超然潇洒的神情，形之于外，这种神情却正是一种使人仰慕尊敬的神情，那时，别人自会希望接近你，以能和你接近为荣；那时，选择朋友之权就确实操纵在你的手中了。

因此，我奉劝各位希望知道“处世交友”之道的青年朋友们：你如喜欢朋友，就先要喜欢你自己，喜欢你自己的个性；但你更要宽容别人，和尊重别人的个性。

当你喜欢你自己的时候，你就不会觉得自卑，当你宽容别人的时候，你就不会感到自己和别人站在敌对的地位。能有这种感觉时，你即使没有很多的朋友，你也一样会觉得满意和心安理得了。

曾有一位少女问我：“那些受人注意的女孩子们是否由于她们先向别人有所表示？或是她天生有一种吸引力？”

当时我回答她说：“希望你别太过关心自己是否受人注意，也不必去和那些你所谓受人注意的女孩子相比。因为在这方面来说，确实有一种看来很‘抢眼’的人，也许她们外形漂亮，也许她打扮与众不同，也许她们举止比较夸张，这都是‘抢镜头’的条件。当然，这种人很令人羡慕，她们无论做什么事都可能比别人多一些方便。但这并不是可以去学，或值得去学的条件。

“你不要以为在你的朋友之中，你比较不受人注意，就是你不如一切人。也许，你有比她们更丰富的内在，当你一旦把你的美点展示出来之后，那些吸引人的女孩子们也许反而跟不上你了。

“当然，你也许又会很谦虚地说，你的内在也不怎样。而假如你真是这样的话，你就正可以趁此时机，多在内在方面下一点工夫，你会由这一方面得到一生受用不尽的好处，那比一个吸引人的外表更能使你不平凡。”

青年朋友们！我愿意劝你喜欢自己的个性。你也许不像春天的花朵那样芳菲引人，可是你一定有属于自己的内在气质。你只要耐心找出自己个性中的美点来，就可以慢慢相信，世上的人们，有人喜欢秾桃艳李，也有更多的人喜欢水仙或寒梅。如果长远维持你自己特有的芬芳，就不必随俗浮沉。

> 人际关系是人与人之间的沟通，是用现代方式表达出《圣经》中“欲人施于己者，必先施于人”的金科玉律。
> ——[美]戴尔·卡耐基

与你共享

爱自己的个性，首先是对自我的一种认可。如果连自己都不能承认自己，那么还如何去奢望他人的承认呢？爱自己的个性，还意味着一种独立和自信。正如契诃夫所言，所有的狗都有叫的权利，就让它们按上帝给的嗓子去叫好了。关键在于，那是属于我们自己的声音。（史婷婷）

作者简介

松下幸之助(1894~1989) 日本著名企业家，“松下电器”创始人，被人称为“经营之神”。“事业部”、“终身雇佣制”、“年功序列”等日本企业的管理制度都由他首创。其著作《松下幸之助经营管理全集》在工商业界影响深远。

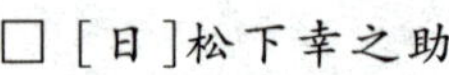

尽忠职守便有成就

□ [日]松下幸之助

一般而言，为人处世是非常困难的事情。到底要朝着什么目标前进呢？我自己也经常在思索这些问题。因为我比各位年长，而且经过了多年的人生历练，所以我想将这些经验，诚心诚意地提供给各位参考。

希望各位不要财迷心窍，要堂堂正正地做人。这不只是奉劝你的话，我还经常以此训诫着自己。

“不管别人如何，你本人千万不可被利欲所困。绝不可财迷心窍。”你必定要反问我，你不是为了赚钱而生存吗？那是个错误的观念，我是在自然情况之下赚取金钱。因为，即使你想赚钱，也并不是那么容易的。

小偷是最喜欢钱的人了，可是，并不能肯定地说小偷便不会赚钱。然而，最划不来的也是小偷，因为连最出名的小偷石川五右卫门，也逃不出法律的制裁，最后遭到砍头的命运。

金钱是与劳力自然结合而成的，换句话说，即是你必须尽忠职守，拼命地工作；但千万不能以赚钱为出发点来从事任何工作。当我开始工作时，常想："假如完成这项产品，将会带给人们多大的快乐，还有这项产品会带给家庭方便，因此妇女们便有多余的时间做她们所要做的事。"我常因这种念头而拼命工作。

今天日本的妇女跟往昔相较之下，有更充分的休闲以及阅读的时间，这即是松下电器公司不断地推出家庭电器用品，并且能令这些用品普及的结果。

当初我从事工作时，根本没有想到要成为一个大资本家，我只是每天拼命地工作，终于在今天有了成就。我从事这项工作，起初是为了生计而已。我的家境贫穷，为了生计，非靠自己的劳力工作不可。可是，我的身体非常虚弱，无法胜任伙计的工作，即使靠着日薪也不够吃药的钱，因此，我便在家中从事工作，求得温饱。虽然这只是一小小的希望，却是相当重要的决定。这即是我开始创业的第一个理由。

当我自己经营事业时，才深刻地体会出童年时期当学徒所得到的一些教训，那就是顾客至上。换句话说，必须以诚待人，不赚取暴利，但也绝不做亏本的生意。

累积适当的利润，不断地扩大事业，最后发展成今日的松下电器公司。今天，虽然有很多人认为我已是成功的经营者，可是，当初我从来也没有想到成为富翁或是大事业家。

起初，我只想到要如何才能生存下去，亦即在如何才能糊口求温饱的先决条件之下同时从事工作。你必定也会认为一个身体如此虚弱的人，怎么可能心怀这种志向？开始做生意时，我只抱着不欠缺今天的衣食便感到非常感激，或是即使休息一两天，生活也不会陷入困境的念头。我只是踏出了非常平凡的第一步而已。

第二步即是非常平凡诚实的步伐。假如你是一位底薪生活者，当你踏出了第一步，就必须尽忠职守，拼命地工作。

当我一步步向前迈进，而在跨入第三、第四、第五步的同时，四周已经

千万不能被任何事情冲昏头脑，遇事要小心提防，特别要提防最讨我欢心的事。
——[法]巴尔扎克

聚集了一小群人。下面便是我推展事业的方法。

为大众的将来着想是我的责任，我的事业便是为了这些人而创立的。我认为所谓事业，便是所有参与该项工作的共同产物。

为社会和国家着想，必须让员工过着更美好的生活，并且制造出有利于社会和国家的产品。我所经营的事业非常微小，但却是公众的产物。就法律而言，它是我个人的企业，但是本质上却是属于社会大众的。

到目前为止，我一直是个勤勉工作的商人，身负为社会和国家效力的使命感，孜孜不倦地经营事业，因此才能达成这种精神上的改变。我本人对这种改变也感到非常诧异，所以才会产生所谓的“自来水哲学”。

某年的仲夏，我在天王寺一带的街道上漫步，这时一位拉车夫将车子停在某家庭院的水管前，然后扭开水龙头，“咕噜，咕噜”，津津有味地喝自来水。

令人诧异的是，附近的人对他的举动，却不加以指责。因为没有经过他人的允许，私自饮用，很明显地是在偷水喝。为什么他可以不付钱呢？

有时候即使盗取了有价值的东西，也不会遭到斥责。空气便是一个很好的例子，虽然它很贵重，但是却取之不尽，用之不竭。所以连缺水的大杂院里的人，也能怀着这么宽大的胸襟。

假若世上的必需都能像自来水一样的充沛，那么我们便不会过着贫苦日子了。因此我的使命，便是源源不断地制造出有价值的电气产品。虽然事实与理想有一段差距，可是，我会配合社会的要求，不断地推出各种有益于社会的产品。

依循这种观念，使我得到了勇气与正义感，并且产生恪尽职守的决心和希望。

与你共享

读完文章，我想起中国的一句古话：君子爱财，取之有道。这一个“道”字，含义颇深。首先，它包含着我们的努力和付出，也就是文章里说的“尽忠职守”；其次，爱财的前提其实是爱人，只有对他人充满了关心和友爱，才会让自己走上发展的正道。（史婷婷）

作者简介

梁晓声　1949年生于哈尔滨，山东荣成人。当代著名作家。当过知青，毕业于复旦大学中文系。著有短篇小说集《天若有情》、《白桦树皮灯罩》、《死神》，中篇小说集《人间烟火》，长篇小说《一个红卫兵的自白》、《雪城》、《伊人，伊人》、《欲说》等。短篇小说《这是一片神奇的土地》、《父亲》，中篇小说《今夜有暴风雪》获全国优秀短、中篇小说奖。

谈做人①

□梁晓声

再会做人的人，归根到底，也不过就是“会作人”而已。一个“会”字，恰说明他或她是在“作”而不是“做”。

嫉妒一旦在男人的内心萌芽，则往往迅速长成巨大的毒藤。

通过最容易的方式达到某种目的——这既是人性的特点，也是许多种类的兽、禽乃至虫的本能特点。

在生活中，成心制造的误解并不比梅雨季节阴湿的墙角生出的狗尿蘑少，因而我们有些人才变得时时处处格外谨小慎微，唯恐稍有疏忽，便成了某一类“误会”和“误解”的牺牲品。

某一类人存在，某一类事便注定发生；好比有蛹的存在，就注定有蝇孵出……

① 节选自《梁晓声语录》，本文标题为编者所加。

人与人之间需要一种平衡，就像大自然需要平衡一样。不尊重别人感情的人，最终只会引起别人的讨厌和憎恨。
——[美]戴尔·卡耐基

许许多多男人的脸，都不同程度地存在着酒色财气浸淫和污染的痕迹，有的更因是权贵富人而满脸傲慢和骄矜，有的则因身份卑下而连同形象也一块儿猥琐了，或因心术不正欲望邪狞而样子可恶。

人啊，钟爱自己的每一个人生季节吧！也许这世界上只有钱这种东西才是越贬值越重要的东西。

今天——几乎是每一个人的最普遍的机会。因为每一个人都拥有许多许多今天。

我相信一个生活原则：如果你有可能帮助别人，哪怕是极小的帮助，而你不去实践，是不应该的。

一个人有许多长处，却不正直，这样的人不能引为朋友。一个人有许多缺点，但是正直，这样的人应该与之交往。

我想，我们每个人生来都被赋予了一根具有威严性的“教鞭”。它是我们人类天性之中的羞耻感，它使我们区别于一切兽类和禽类。我们唯有靠了它才能够有效地对自己实施心灵和人格方面的教育。

人格非人的外衣，也非人的皮肤，而是人的质量的一方面。

人靠了个人的恒心和志气也足以做到似乎只有集体才做得到的事情。于是人成了人的榜样，甚至被视为英雄。

少年时的我曾是一个爱撒谎的孩子，总企图靠谎话推掉我对某件错事的责任。青年时期的我曾受过种种虚荣的不可抗拒的诱惑，而且嫉妒之心十分强烈。我常常竭力将虚荣心和嫉妒心成功地掩饰起来，也确实掩饰得成功，但这成功是拿虚伪换来的。自卑者的心相当敏感，他们靠了自己的敏感嗅辨高贵。

有些人类的内心里，也肯定包藏着一根钉子。当那根钉子从他们或她们内心里戳出来，人类的另一部分同胞就不可避免地会受到危害。

除了军事操练，除了运动会仪式，除了参加庆典或者参加游行，排成行列最不该是男人证明自己的方式。

一个童心不泯的人，纵有千般缺点，在我看来，也必是可交为朋友的。不过，人世间，真正童心不泯之人，却是越来越少了。

“准流氓”，也就是那种在心理方面遭到流氓意识污染的人。平时他们混迹在正常的人群中，一个个人模人样的，绝不至于被认为是流氓。

人，尤其是男人，惧悍畏强而又同时欺虐弱小，的确是可以归入到王八蛋一块儿去的。

对那些张口闭口“他人皆地狱”的人，万勿引以为友；避开他们，要像避开毒虫一样。

谁自诩是怎样的人，这是一回事；谁实际上是怎样的人，这是另一回事。

与你共享

人生处世如同一次旅行，常有山水阻挡前行之路，行不通时，有些人就开山架桥，最后蛮力耗尽，效果却不怎么理想；而有些人只是转了个弯，轻松绕过障碍，就成功到达了目的地。世事洞明皆学问，处世之道有时候只需要一个小小的转弯思维。（史婷婷）

礼貌是博爱的花朵，不讲礼貌的人谈不上有博爱思想。

——[法]儒贝尔

作者简介　威廉·萨默塞特·毛姆(1874~1965)　英国小说家、戏剧家、文艺评论家。1897年发表第一部长篇小说《兰贝斯的丽莎》。最著名的剧本是1921年创作的《圆圈》。他的主要成就在小说方面,著有长篇小说《月亮与六便士》、《寻欢作乐》、《刀锋》等。

微尘与栋梁

□[英]威廉·萨默塞特·毛姆

令人好奇的是,与他人的过失相比,我们自己的过失往往不是那么的可憎。我想,原因是我们了解一切导致过失出现的情况,因而,能够想法原谅自己犯了一些不容许他人犯的过错。我们不关注自己的缺点,即使身陷困境,不得不正视它们时,我们也会很容易就宽恕自己。据我所知,我们这样做是正确的。缺点是我们自己的一部分,我们必须接纳自己的好与坏。

但当我们评判别人时,情况就不一样了。我们不是通过真正的自我而是用另外一种自我形象来判断,完全摒弃了在任何世人眼中,会伤害到自己的虚荣或者体面的事物。举一个小例子:当觉察到别人说谎时,我们是多么不屑啊! 但是有谁可以说自己从未说过谎可能还不止一百次呢!

人与人之间没什么大的区别。他们皆是伟大与渺小、善良与邪恶、高贵与低贱的混合体。有些人性格比较坚毅,机会也较多,因此在这个或者那个方向上,更能自由地发挥自己的天资,但是人类潜质都是相同的。至于我自己,我不认为自己会比多数人更好或更差,但是我知道,如果我记下我生命中每一个行动和每一个掠过我心头的想法的话, 世人将会把我看成一个邪恶的怪物。每个人都会有这样的怪念头,这样的认识应能启发我们宽容自己,也宽容他人。同时,若因此使我们在看待他人时,即使是对天下最优秀、最令人尊敬的人,也可以有幽默感的话,而且也不太苛求自己,那也是很有益的。

与你共享

人性是复杂的，每个人都是栋梁也同时都是微尘。明白了这一点，我们不仅能宽容自己，也能宽容他人。宽容自己不是对自己的毛病置若罔闻，而是不再把自己当成完人，而求全责备。宽容他人，是让自己的生存空间更加宽广，能够与人更好地相处。（史婷婷）

作者简介 梁启超（1873~1929） 字卓如，号任公，笔名饮冰子、饮冰室主人等。广东新会人。中国近代资产阶级改良派的著名政治活动家、思想家和学者，戊戌变法主要领导人之一。主要著作有《清代学术概论》、《中国历史研究法》、《中国近三百年学术史》、《中国文化史》等。

转变自己的环境，发掘自己的性灵

□梁启超

思成和思永同走一条路，将来互得联络观摩之益，真是最好没有了。思成来信问有用无用之别，这个问题很容易解答，试问唐开元天宝年间李白、杜甫与姚崇、宋璟比较，其贡献于国家者孰多？为中国文化史及全人类文化史起见，姚、宋之有无，算不得什么事。若没有了李、杜，试问历史减色多少呢？我也并不是要人人都做李、杜，不做姚、宋，要之，要各人自审其性之所近何如，人人发挥其个性之特长，以靖献于社会，人才经济莫过于此。思成所当自策厉者，惧不能为我国美术界作李、杜耳。如其能之，则开元、天宝间时局之小小安危，算什么呢？你还是保持这两三年来的态度，埋头

打动人心的最佳方式是跟他谈论他最珍贵的事物。
——[美]戴尔·卡耐基

埋脑做去便对了。

你觉得自己天才不能副你的理想，又觉得这几年专做呆板工夫，生怕会变成画匠。你有这种感觉，便是你的学问在这时期内将发生进步的特征，我听见倒喜欢极了。孟子说："能与人规矩，不能使人巧。"凡学校所教与所学总不外规矩方面的事，若巧则要离了学校方能发见。规矩不过是求巧的一种工具，然而终不能不以此为教，以此为学者，正以能巧之人，习熟规矩后，乃愈益其巧耳(不能巧者，依着规矩可以无大过)。你的天才到底怎么样，我想你自己现在也未能测定，因为终日在师长指定的范围与条件内用功，还没有自由发掘自己的性灵的余地。况且凡一位大文学家、大美术家之成就，常常还要许多环境及附带学问的帮助。中国先辈屡说要"读万卷书，行万里路"，你两三年来蛰居于一个学校的图案室之小天地中，许多潜伏的机能如何便会发育出来，即如此次你到波士顿一趟，便发生许多刺激，区区波士顿算得什么，比起欧洲来真是"河伯"之与"海若"，若和自然界的崇高伟丽之美相比，那更不及万分之一了。然而令你触发者已经如此，将来你学成之后，常常找机会转变自己的环境，扩大自己的眼界和胸怀，到那时候或者天才会爆发出来，今尚非其时也。今在学校中只有把应学的规矩尽量学足，不唯如此，将来到欧洲回中国，所有未学的规矩也还须补学，这种工作乃为一生历程所必须经过的，而且有天才的人绝不会因此而阻抑他的天才，你千万别要对此而生厌倦，一厌倦即退步矣。至于将来能否大成，大成到怎么程度，当然还是以天才为之分限。我生平最服膺曾文正两句话："莫问收获，但问耕耘。"将来成就如何，现在想它则甚？着急它则甚？一面不可骄盈自慢，一面又不可怯弱自馁，尽自己能力做去，做到哪里是哪里，如此则可以无人而不自得，而于社会亦总有多少贡献。我一生学问得力专在此一点，我盼望你们都能应用我这点精神。

与你共享

转变自己的环境，指的是开阔视野，让胸怀更加宽广。有了这样的视野和胸怀，才能更好地发掘自己的性灵，更加充分地认识自己，找到最适合自己走的那条路。只有找到了这样一条路，并且"莫问收获，但问耕耘"地走下去，我们的人生才会变得丰富多彩。 (李闰月)

作者简介 福克纳(1897~1962) 美国小说家。1919年入美国密西西比大学，后来退学。当过银行职员、书店店员、邮政所所长。1926年后一直从事文学创作，主要作品有《喧哗与骚动》、《我弥留之际》、《圣地》、《寓言》等。1949年获诺贝尔文学奖。

鲁莽与恐惧

□[美]福克纳

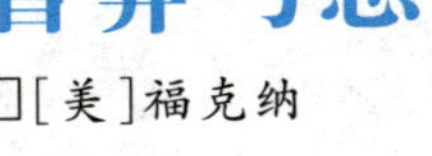

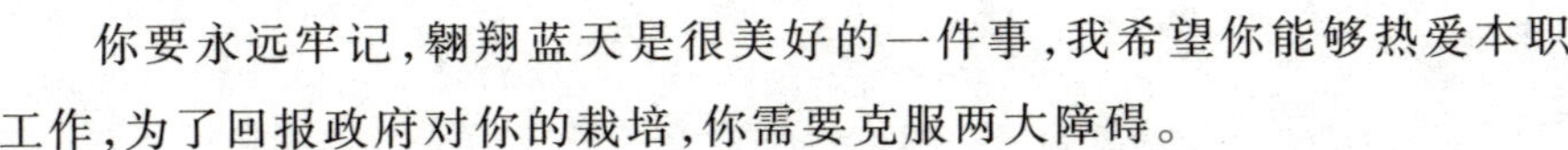

你要永远牢记，翱翔蓝天是很美好的一件事，我希望你能够热爱本职工作，为了回报政府对你的栽培，你需要克服两大障碍。

第一个障碍就是鲁莽行事。许多飞行员都没有克服这个障碍。你的叔叔迪恩当年也没能克服这个障碍。要知道，一个有勇无谋的人，永远也不可能加入优秀飞行员的行列。

第二个障碍就是恐惧。有些时候，鲁莽与恐惧同在。这意味着你没能克服鲁莽这个障碍，而且时间也来不及了。然而，如果恐惧不是由于鲁莽而产生，那么这表明第一个障碍已不能阻挡你，而且你也有能力克服第二个障碍。你必须认识到什么是恐惧，以及如何应对它。如果你不能感觉到它，那么你就是傻子，就是白痴。勇敢者并非是不知道这个世界上还有恐惧的人，但勇敢者会对自己说:“我感到恐惧，我需要快速决定做什么，然后马上去做。”

恐惧也会降临到你头上，它会降临到任何一位飞行员头上。当它降临时，接受它，并且克服它；告诉自己:“我有些恐惧，我不喜欢我心脏那样紧张地跳动。我知道我必须立即行动起来，我的大脑要快速运转起来，考虑出应对之法，它太忙了，根本没有时间去担忧自己紧张的心跳。”

我希望你能够表现得非常优秀。没有哪位飞行员能给你指出你知识上还存在着多大欠缺，你必须靠一天一天的观察去发现它。你可以记住优秀飞行员对你说过的话，以便你碰到紧急情况时，可以按照他们说的方式去处

人要学会走路，也要学会摔跤，而且只有经过摔跤，他才能学会走路。
——[德]马克思

置。你的教官会教你学会做许多事情,你不需要担忧什么,你只管认真学习。

因此,你要提前做好克服两个障碍的心理准备。当你克服了鲁莽行事这个障碍后,你就可以集中力量克服恐惧这个障碍。

预料到它,接受它,应对它,最终击败它。当这类事情发生时,别忘了写信告诉我一下。恐惧是人的一种听到警报的经历,可我从未听说过它能置人于死地。如果你非常聪明,能够识别出恐惧,那么你也就获得了安全。

与你共享

鲁莽和恐惧是人生中的两个障碍。鲁莽是因为凡事想得太少,而恐惧则往往是想得太多。鲁莽需要用经验和时间去克服,而恐惧是挑战同时也是机会。战胜鲁莽,会让我们更加清晰地看待世事;而战胜恐惧,却能让我们更加清晰地认识自己。

(李闰月)

作者简介

傅佩荣　1950 年生,祖籍上海。台湾大学哲学系教授。美国耶鲁大学哲学博士。著作近 100 种,涵盖哲学研究与入门、人生哲理、心理励志等。影响全球华人的国学大师,凤凰卫视《国学天空》栏目主讲专家,“傅佩荣人生问题讲座”系列被新浪、搜狐博客主推。其著作《哲学与人生》、《智者的生活哲学》、《智慧与人生》、《走向成功人生》、《孔子的生活智慧》等简体中文版已在大陆出版,反响很大。

君子坦荡荡

□(台湾)傅佩荣

子曰:“二三子,以我为隐乎?吾无隐乎尔,吾无行而不与二三子者，是丘也。”

《论语·述而篇》

孔子说：“君子心胸光明开朗，小人经常愁眉苦脸。”有没有这样的君子呢？有的，就是孔子本人。

孔子说：“你们几位学生以为我有所隐藏吗？我对你们没有任何隐藏。我的一切作为都呈现在你们眼前，那就是我的作风啊。”

这番话的背景，可能是某些学生觉得孔子的修养太卓越了，或许有什么独门秘籍尚未公开教导。事实上，再怎么高明的老师，也无法对学生像“点石成金”一般，在短期内使他们脱胎换骨。在人生修养方面，除了自己脚踏实地努力上进之外，没有其他捷径。

孔子教学时，毫无保留地发表自己的心得，他在日常生活中的行为也是内外如一、表里一致的，不曾想过要隐藏什么或图谋什么。西谚有云：“诚实是最好的策略。”因为一个谎言需要另一个谎言来遮盖，然后一环接着一环，最后必定被人识破。

孔子的真诚态度并非出于策略考量，而是他作为一个人的自我要求。这种要求是最基本的，也是最持久的，是一个人的尊严所在，也将带来内心的喜悦与快乐。学生所需要的不是秘籍，而是力行实践。

与你共享

“君子坦荡荡，小人常戚戚”，说的是人内在修养的一种外在表现。只有内心充满光明，才会容光焕发面如春风；而内心的安定和真实，才会让你在处世时淡定自如。 （李闰月）

泰山不让土壤，故能成其大；河海不择细流，故能就其深。
——[西汉]司马迁

作者简介 余光中　1928年生于南京，祖籍福建。台湾诗人、散文家。21岁时到台湾，64岁重回大陆时，已是“掉头一去是风吹黑发，回首再来已雪满白头”。他“左手为诗，右手为文”，著有诗集《乡愁四韵》、《舟子的悲歌》、《白玉苦瓜》，散文集《左手的缪思》等各十余部。

幽　默

□（台湾）余光中

幽默，可以说是一个敏锐的心灵，在精神饱满生趣洋溢时的自然流露。这种境界好像行云流水，不能做假，也不能苦心经营，事先筹备。世界上有的是荒谬的事，虚妄的人；诙谐天真的心灵，自然左右逢源，取用不尽。幽默最忌的便是公式化，譬如说到丈夫便怕太太，说到教授便缺乏常识，提到官吏，就一定要刮地皮。公式的幽默很容易流入低级趣味，就像公式化的小说中那些人物一样，全是欠缺想象力和观察力的产品。何可歌有个远房的姨夫，远房的姨夫有几则公式化的笑话，那几则笑话有一个忠实的听众，他的太太。丈夫几十年来翻来覆去说的，总是那几则笑话，包括李鸿章吐痰、韩复榘（jǔ）训话等，可是太太每次听了，都像初听时那样好笑，令丈夫的发表欲得到充分的满足。夫妻两人显然都很健忘，也很快乐。

一个真正幽默的心灵，必定是富足、宽厚、开放，而且圆通的。反过来说一个真正幽默的心灵，绝对不会固执成见，一味钻牛角尖，或是强词夺理，厉色疾言。幽默，恒在俯仰指顾之间。从从容容，潇潇洒洒，浑不自觉地完成。在一切艺术之中，幽默是距离宣传最远的一种。“舍我其谁”的英雄气概，和幽默是绝缘的。宁曳尾于涂中，不留骨于堂上；非梧桐之不止，岂腐鼠之必争？庄子的幽默是最清远、最高洁的一种境界，和一般弄臣笑匠不能并提。真正幽默的心灵，绝不抱定一个角度去看人或看自己，他不但会幽默人，也会幽默自己，不但嘲笑人，也会释然自嘲，泰然自贬，甚至会在人我不分、物我交融的忘我境界中，像钱默存所说的那样，欣然独笑。真具有幽默感的高士，往往能损己娱人，嘲笑别人来反躬自笑。创造幽默的人，竟能自备荒谬，岂不可爱？吴炳钟先生的语锋曾经伤人无数。有一次他对我表示，身后当嘱家人在自己的骨灰坛上刻“原谅我的骨灰”一行小字，抱去所有朋友的面前谢罪。这是吴先生两年前的狂想，不知道他现在还要不要那样做？这种狂想，虽然有资格列入《世说新语》的怪诞篇，可是在幽默的境界上，比起那些扬言愿捐骨灰做肥料的利他主义信徒来，毕竟要高一些吧。

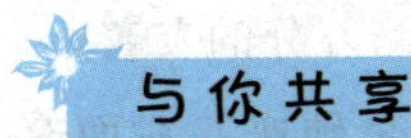

与你共享

真正的幽默不仅是一种性格和习惯，更是一种人生态度，是一种由内向外的修养。有了豁达大度的胸怀，才会有幽默诙谐的表现。幽默没有公式，因为它存在于人的内心。（李闰月）

作者简介

刘心武　1942年生于四川成都。当代作家。1977年以短篇小说《班主任》成名，该作被视为“伤痕文学”的代表作。长篇小说《钟鼓楼》获第二届茅盾文学奖。2005年出版《刘心武揭秘〈红楼梦〉》，引发国内新一轮《红楼梦》热潮。其散文《错过》被选入苏教版语文教材。

跟陌生人说话

□刘心武

父亲总是嘱咐子女不要跟陌生人说话，尤其是在火车上、大街上等公共场合。母亲对父亲给予子女们的嘱咐总是随声附和，但是在不跟陌生人

人的社交根本不是本能，也就是说，并不是为了爱社交，而是为了怕孤独。
——[德]叔本华

说话这条上却并不能率先履行，而且恰恰相反，她在公共场合，最喜欢跟陌生人说话。

有一次，我和父母回四川老家探亲。在火车上，同一个卧铺间里的一位陌生妇女问了母亲一句什么，母亲就热情地答复起来，结果引出更多的询问，她也就更热情地絮絮作答。我听母亲把有几个子女，都怎么个情况，包括我在什么学校上学什么的，都说给人家听，急得我用脚尖轻轻踢母亲的鞋帮，母亲却浑然不觉，乐乐和和一路跟人家聊下去。母亲的嘴不设防，总以善意揣测别人，哪怕是对旅途中的陌生人，也总报以一万分的友善。

有年冬天，我和母亲从北京坐火车到张家口去，坐的是硬座。对面有两个年轻人，面相很凶，身上的棉衣破洞里露出些灰色的棉絮。没想到，母亲竟去跟她对面的小伙子攀谈，问他手上的冻疮怎么也不想办法治治，说每天该拿温水浸它半个钟头，然后上药。那小伙子冷冷地说："没钱买药。"还跟旁边的小伙子对了对眼。我觉得不妙，忙用脚尖碰母亲的鞋帮。母亲却照例不理会我的提醒，而是从自己随身的提包里摸出一盒如意膏，打开盖子，用手指剜出一些，要给那小伙子手上有冻疮的地方抹药膏。小伙子先是要把手缩回去，但母亲的慈祥与固执，使他乖乖地承受了那药膏，一只手抹完了，又抹另一只；他旁边那个小伙子也被母亲劝说得抹了药。母亲一边给他们抹药，一边絮絮地跟他们说话，大意是这如意膏如今药厂不再生产了，这是家里最后一盒了，这药不但能外敷，感冒了，实在找不到药吃，挑一点用开水冲了喝，也能顶事……末了，她竟把那盒如意膏送给了对面的小伙子，嘱咐他要天天抹，说是别小看了冻疮，不及时治好，抓破感染了会得上大病症。她还想跟那两个小伙子聊些别的，那俩人却不怎么领情，含混地道了谢，似乎是去上厕所，竟一去不返了。火车到了张家口，下车时，站台上有些人骚动，只见警察押着几个抢劫犯往站外走。我眼尖，认出里面有原来坐在我们对面的那两个小伙子。又听有人议论说，他们这个团伙原来是要在3号车厢动手，什么都计划好了的，不知为什么后来跑到7号车厢去了，结果事情败露被逮住了……我不由得暗自吃惊：我和母亲乘坐的恰好是3号车厢。看来，母亲的善良感动了那两个抢劫犯，他们才没对我们下手。

母亲晚年有段时间住在我家，有时她到附近街上活动，但跟陌生人说话的旧习依然未改。街角有个从工厂退休摆摊修鞋的师傅，她也不修鞋，走去跟人家说话，那师傅就请她坐到小凳上聊。他们从那师傅的一个古旧的顶针聊起，俩人越聊越近；原来，那清末的大铜顶针是那师傅的姥姥传给他母亲的，而我姥姥也传给了我母亲一个类似的顶针。聊到最后的结果，是那丧母的师傅认了我母亲为干妈，而我母亲也把他带到我家，俨然亲子相待。我和爱人孩子开始觉得母亲多事，但跟那位干老哥相处久了，体味到了一派人间淳朴真情，也就感谢母亲给我们的生活增添了丰盈的乐趣。

现在父母去世多年了。母亲和陌生人说话的种种情景，时时浮现在心中，浸润出丝丝缕缕的温馨；但我在社会上为人处世，仍恪守着父亲那不跟陌生人说话的遗训，即使迫不得已与陌生人有所交谈，也一定尽量惜语如金，礼数必周而戒心必张。

前两天在地铁通道里，听到男女声二重唱的悠扬歌声，唱的是一首我青年时代最爱哼吟的歌曲，那饱含真情、略带忧郁的歌声深深打动了我。走近歌唱者，发现是一对中年盲人，那男的手里捧着一只大搪瓷缸子，不断有过路的人往里面投钱。我在离他们很近的地方站住，想等他们唱完最后一句再投钱。他们唱完，我向前移了一步，这时那男士仿佛把我看得一清二楚，对我说："先生，跟我们说句话吧。我们需要有人说话，比钱更重要啊！"那女的也应声说："先生，随便跟我们说句什么吧！"

我举钱的手僵在那里，心里涌起层层温热的波浪，每个浪尖上仿佛都是母亲慈爱的面容……母亲的血脉跳动在我喉咙里，我意识到，生命中一个超越功利防守的甜蜜瞬间已经来临……

与你共享

跟陌生人说话，看似一件简单而普通的小事，但往往却能给他人也给自己带来莫大的温暖和感动。几句平平常常的话语，也同样会成为一缕善意的春风。让我们大胆地跟陌生人说话吧，因为这个小小的举动所透视出来的，正是一个人对他人的爱和关怀。（李闰月）

> 友善的言行、得体的举止、优雅的风度，这些都是走进他人心灵的通行证。
> ——[英]塞缪尔·斯迈尔斯

作者简介

王蒙　1934年生于北京，祖籍河北。当代著名作家，曾任国家文化部部长。著有长篇小说《青春万岁》、《活动变人形》、《青狐》、《尴尬风流》等，以及自传三部曲《半生多事》、《大块文章》、《九命七羊》。其《最宝贵的》、《悠悠寸草心》、《春之声》、《蝴蝶》、《相见时难》等先后获全国优秀短、中篇小说奖。曾获得意大利蒙德罗文学奖和日本创作学会的“和平文化奖”等。

通达为人，荣辱不惊[①]

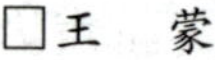

□王　蒙

我赞美投入，我赞美献身，我赞美燃烧与义无反顾，我也赞美超脱。超脱不是自私，不是消极躲避，不是莫管他人瓦上霜，而是一种更大的境界。

超脱就是从一时一地一人一圈一阵热闹中跳出来，尤其是从个人的利害中跳出来，保持冷静，保持全面，保持思考和选择，保持分寸感。

但愿人生有一二诤友，但愿你讲真话别人也对你讲真话，但愿人能摆脱抬轿子者，但愿人能够——这是关键——逐步做到把一己的私利置之度外。莫争一日之短长，公道自在人心——这是说最后，这是说“终极”。在最后与终极没有到来之前，还是豁达超脱一点的好。

没有一定程度的超脱就没有理智，就没有客观，就没有全面，就没有正视，就没有自我调节，就没有发展和进步。而只有自高自大、自吹自擂、自怨自艾、自哭自闹、自说自话，丑表功、气迷心、瞎激动、乱抒情，讨厌得很。

① 节选自《王蒙语录》，本文标题为编者所加。

生命的意义在于一种人生的化境，而进入“化境”，也就进入了一种人生的自由王国。

佛魔一念间，入不了化境强作化境，没有真诚却又假作潇洒，没有本事却又故作镇静，原委都不清楚却要做出胸有成竹的假象，那就不是化境而是狡猾虚伪，画虎不成反类犬，化境未入反成伪君子。

一个人总是能够用自己的理想主义来超越自己的成熟和经验，又总是能够用自己的成熟和经验来校正和丰富自己的理想。这是一个最好的状态。既是理想的又是经验的，既是成熟的又是天真的。

在任何情况下都要保持一种风度。风度是全部内涵的外化，风度不是做出来的。

没有拒绝也就没有入侵；没有追求也就没有挫败；没有占有也就没有丢失；没有防御也就没有退却；没有处心积虑也就没有败坏气急。

成就有大小，际遇有顺逆，但能不能生活得更坦然、更清爽、更光明、更健康，也更快乐一点，只要一点。

任何事情，急于求成都是幼稚的幻想，急于求成的结果一定是不成，对此不应该有任何怀疑。

善于等待的人是聪明的人，也是真正有信心、有能力、有头脑、有见解的人。

人有时候需要等待，有时候需要忍耐，有时候需要为顾全大局而保持沉默，有时候一时看不清楚需要再看一看。

相信时间，时间对善良有利，对智慧和光明有利，对阴谋不利，对狭隘

不要瞧不起任何人，因为谁也不会懦弱到连自己受了侮辱也不能报复。
——[古希腊]伊　索

不利。

不要着急。人生一世，最要紧的恰恰是“耐心”二字。

耐心高于智慧，耐心重于道德，耐心战胜了而且必将继续战胜任何的对手。

一切决定于时机，时候到了石头里也会孵出小鸟，时候不到火焰里也照样透心冰凉。

人都会有自己的机遇也会有自己的挫折；都会有自己的有常也会有自己的无常；都会有自己的顺风也会有自己的厄运。

克服了过分的天真，克服了软弱的浪漫，摒弃良好到天上去的自我感觉，勇敢地面对现实的一切艰难，把烦恼当做脸上的灰尘，衣上的污尘，染之不惊，随时洗拂，常保洁净，这不是一种智慧和快乐吗？

真正厉害的人从来不暴跳如雷，从来不泼污水。

一个人如果能敞开心胸，让宇宙的风自由地吹入，欣赏、谛听和接纳常常不如人意却又生生不息的大千世界，尽可能地理解自己、生命和万物，他就会在一切盛衰得失之后，仍能感到深沉的幸福。

我们渺小，便希望看到伟大；我们干枯，便希望看到无边的湿润；我们怯懦，便希望看到巨大的实力与深刻的危险；我们急躁而又芜杂，满面尘土而又汗流浃背，便希望看到清洁彻骨的无言的平静。

正视别人的恶劣也算是一种勇敢，正视自己的恶劣就不仅是大勇而且是大智大仁了。

至味无言，至理无文，至情无歌，至性无心。

能不能进入一个更高的境界来清醒地审视自我，这可以说是悟性的根本标志之一。

真生命真事业真学问真爱情只能属于无所畏惧的人，具有某种“傻子”气质的人。

长年流泪的人是结膜炎而不是多情；豁达者才是有泪不轻弹的男儿；常常诈唬的人多半自身倒是胆小鬼。

该玩就玩玩，该放就放放，该赶就赶赶，该等就等等……永不气急败坏，永不声嘶力竭。

神经衰弱的人、头脑简单的人、过分天真的人、过分拔尖拔份的人、过分自我即过分自信的人……往往无法承受历史的拷问与历史的戏弄、变迁的激动与变迁的迷茫、前进的艰苦与前进的代价。

在中国，淡泊不易，宁静更不易。适度的淡泊与宁静却是必要的。于人于己，动不动就那么狂躁与冲动又所为何来呢？

世界不像有些人想的那样好，那样完美，但也不像有些人想的那样全无是处。它的不完美说不定正是进步和发展的契机。

生命由于它的短暂和不可逆性、一次性而弥足珍贵而神奇而美丽。虚度这样的生命，辜负这样的生命，这是多么愚蠢多么罪过！一个人丢了100块钱都会心痛，那么丢失了生命中的有所作为的可能，不是更心痛吗？

去掉一切庸俗的计较吧，哪怕敞开的灵魂赢来了不止一个方位的明枪暗箭！人生能有几次大敞灵魂！

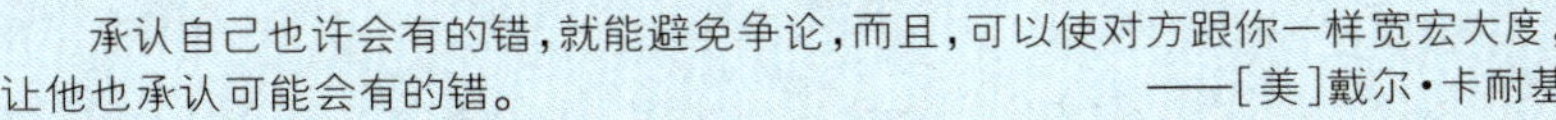
承认自己也许会有的错，就能避免争论，而且，可以使对方跟你一样宽宏大度，让他也承认可能会有的错。

——[美]戴尔·卡耐基

与你共享

豁达是一种境界，是一种风度，也是一种快乐的智慧。豁达可以让我们超越一时的荣辱成败，也能让我们坦然地面对自身的缺点。豁达让我们的灵魂变得更坚强，也变得更博大。豁达让我们可以更好地去接受生活，享受生活。

（李闰月）

作者简介

巴尔塔沙·葛拉西安(1601~1658) 西班牙学者、作家、耶稣会教士。其著作《智慧书——永恒的处世经典》被誉为“具有永恒价值的三大处世智慧奇书之一”。全书极言人有臻于完美的可能，并认为只要佐以技巧，善必胜恶。

中庸之道

□[西班牙]巴尔塔沙·葛拉西安

一位圣人曾把所有的美德都归于中庸之道。如果把对的推到极端，那么对的也会变成错的；如果把橘子的汁全部榨干，那么橘子也会变得苦涩。即使在享乐方面，也不要走极端。

你应该学会在拿东西的时候不可执着锋刃，因为锋刃会把你割伤，而要执着把柄，因为这样你就可以免受伤害。对于你的敌人的种种行为，尤其要实施这项规则。一个智者从他的敌人那里所得到的益处，远比一个愚人从他的朋友那里所得到的益处要多得多。他们的恶意常能促使我们克服重重困难，而如果没有那种恶意的激励，我们将不能勇敢面对那些困难……阿谀奉承远比仇恨危险，因为前者把人的污点掩饰起来，而后者却促使那些污点被抹掉。智者会把恶意化为一面比善更为可靠的镜子，并且把相关的错误加以消除或改进。

任何一个人如果知道自己的长处，都会在某一方面有过人的表现。注意，先要认清自己的哪种本质强于他人，然后要善加利用与发挥。有的人具有出众的判断力，有的人则勇猛过人。大多数人都扼杀了他们的天资，因而在任何方面都无法达到卓越的地步。等到从最先迎合自己热情的事物所造成的幻梦中醒悟过来时，已为时太晚了。

与你共享

世界上，很多事情并没有绝对的对错，古代的先哲就已认识到"物极必反"的道理。人也是一样，对手给我们的东西并不总是坏的，关键是我们能否在和他们的交往中吸取教训，使自己变得更好。而与正确对待对手一样，正确地对待自己也很重要。（李闰月）

常抱宽恕的心，你就不再是受害者，而是能够面对逆境的强者！
——郑友田

一个人如果能敞开心胸，让宇宙的风自由地吹入，欣赏、谛听和接纳常常不如人意却又生生不息的大千世界，尽可能地理解自己、生命和万物，他就会在一切盛衰得失之后，仍能感到深沉的幸福。

第 2 辑

宽容是一种爱

人非圣贤，孰能无过？面对他人的失误或过错，我们应该宽容为怀，抱着谅解大度的心态。宽容是一种爱，爱你的对手，爱这个世界，我们面前的道路就会无限宽广，我们的朋友就会越来越多，我们的烦恼就会越来越少，我们的笑容就会随之增多。

宽容谅解他人，自己不会失去什么，却能获得心灵的宁静和升华。“有容乃大”，这样的宽厚善良会把我们变成生活的强者和智者。

乔治·洛里默　美国作家，任《星期六晚邮报》主编达40年。依靠他杰出的写作、编辑和管理才能，这家运营不佳、濒临破产的报社摆脱了困境，成为美国著名的几家大报之一。著有《步入社会的第一本书》等。

学会与人相处

□[美]乔治·洛里默

你上个月30号的信让我非常气愤。我不希望听到你说你没法在密里根或者其他人手下工作，因为这表明你的软弱。公司关心的不是你是否喜欢你的老板，而是他是否喜欢你。

我对密里根非常了解。他是一个脾气暴躁的爱尔兰老头儿，他一周6天都监督着他的员工，而周末本来应该去听说教的时间他也用来盘算着是否要给他的员工涨工资。当员工们犯了一点错误时，他就对他们严厉批评；而当老板因此要解雇这个员工时，他又替他们求情，请求宽恕。总的来说，他是一个严厉、急脾气、慷慨大度、心肠很软、为人忠实的极好的老顽童，他一直待在公司，看着公司第一次失败，又看着它最后一次重新建立起来。

然而除去以上的，你也要牢牢记住，你这一辈子都会受密里根的控制，如果这个人不是密里根，也会是约翰或史密斯，你会发现他们比密里根更严格。如果不是以上三者，而你也不是一个屠夫而是一个牧师或者医生，甚至是美国总统，那么你就会发现控制你的是一位执事，或者负责人，或者是一架机器。在这个世界上你要成为自己的老板，除非你做一个流浪者，这样你就能自己做主了。

如果可以的话，要尽量去喜欢你的上司，而不要给他机会让他讨厌你。无论如何你也要讲究自尊，而保持沉默也是同样重要。批评常常是从一些小事引起的，但不管什么时候你发现你的上司有什么不好，应保持沉默，因为他的老板会知道这些的。要学会收敛，给别人留有余地，你会发现他也会同样对待你的。年老的人很脆弱，道歉对他们来说起不了安慰作用。记住，当你有道理时，要控制住脾气，而当你没有道理时，你也不能失态。

如果一头母牛脾气暴躁，如果你不渴，而且想找找乐子的话，没关系，你可以在它的尾巴上做个记号，但是，如果你想要和平，想要它身上的肉，你自然要从它的侧面小心接近，嘴里温柔地说着"好的，老板"，就像你向你的女友请求拉拉她的手一样，这样她就会变得温柔和顺。

你要学着掌握区分牛的技巧，当你以适当的方法接近那些爱踢人的母牛时，就能发现它们当中谁的意图是好的，谁是恶毒的。要愚弄这样的动物没什么作用，它们和人都是如此。唯一保险的做法就是尽量远离它们。

当我还在密苏里州做职工的时候。一位名叫杰夫·汉克斯的家伙从威斯康星州南下来到镇里，并在小镇的边上买下了一小块空地。杰夫很爱聊天，但很少听别人讲话，因此我们从他口中了解了很多有关威斯康星的情况，可是他却对我们密苏里人的习惯一点儿也不了解。

说到牛，他受过这方面的正统教育，对一切都非常了解，而且一切都进展得很好，但是不久那头牛就干不了活了，自然杰夫又买了一头骡子——有点老，露出悲伤、迷茫而无精打采的眼神，耳朵绕圈摇着。它的主人没有让它养成好的习惯，但是杰夫太忙于告诉别人他对马多么了解，以至于没有注意到别人对他的骡子的评价。因此，最后卖主在杰夫的马厩里把骡子身上的束缚解下来，告诉杰夫如果他用正确的方法接近它的话，不费吹灰之力就能够抓住它。然后卖主匆忙跑走，一溜烟就不见了。

第二天早上太阳升起的时候，杰夫把骡子牵出来，往布法罗走去，一边走一边吹着口哨——他吹口哨相当厉害，能模仿各种各样的鸟叫声，这样来让骡子耕作。这个动物非常安静，一动也不动，不过当杰夫走近它的时候，它的耳朵自然而然地就搭到脖子上了。他知道这表示什么，然后上前去，看着它并冲它发出咯咯声。"骡子，骡子，这儿呢，乖骡子。"带着几分安慰和亲切。它依然一动不动，而杰夫走上前，一只胳膊搭在它的背上，开始用马勒让它前进，这时可怕的事情发生了。他一直都无法解释到底是怎么回事，但是我们从他身上判断，那骡子用它那灵活的后蹄踢在了杰夫的屁股上，又用它那灵活的前蹄弄掉了他马甲的最后一颗纽扣，还扭过脖子

> 自以为聪明的人往往是没有好下场的。世界上最聪明的人是最老实的人，因为只有老实人才能经得起事实和历史的考验。
> ——周恩来

来咬掉了他一撮头发。等杰夫恢复神智时，他意识到要安全地去接近一头骡子只有从热气球上跳下来。

我只是举这件小事作为例子向你说明，上帝创造的某些动物并不是为了让人们愚弄的。而你也会发现，通常情况下，人们是不会故意给你小鞋穿，就像你犯错误时密里根不会这样一样。只有当你遇到一个嘴上好像涂了蜜的人时，你才应该小心，他可能藏着致命的武器。

我的意思并不是说你不应该信任一个和蔼可亲而且容易接近的人，但是你应该学着去将这样的人和过分亲切并容易接近的人区分开来。这里指的“过分”能区分好人与坏人。并不是所有人都会欺诈，而那些骗子也不总是在欺诈别人。如果一个罐头包装工完全了解他的动物，他只了解了生意的很小一部分；而另外的大部分，而且是更重要的大部分，是学习如何跟人打交道。

对于这点，我讲的比较多，因为我有点失望，你在评价密里根时犯了这么大的错误。他不是公司里最聪明的人，但是他对我和公司很忠心；只有你像我这样做生意做了这么久，你才会对忠诚给予很高的评价。忠诚是没有市场价值的，也是你用再多钱买不到的。你可以放心把你的钱托付给很多人，可是很少有人能够让你信任把名誉托付给他。有一半的人在发工资的那天说公司的好话，而在一周的其余6天中都说公司的坏话。

很多年轻人到我这儿来找工作，一开始就告诉我他们以前工作于如何如何差的公司，如何如何难以与他们的上司相处，而与他在一起共事的小职员是多么愚蠢、毫不长进。我对这样的人从来不以为然，因为我知道当他来我们公司和我们一起工作，他也不会喜欢我或我们的公司。

我认为年轻的生意人最不应该泄露他不喜欢什么，而应该只告诉别人他喜欢什么。当然要做到对自己不满的东西守口如瓶，而对自己喜欢的东西大声宣扬，是很难的。但是如果这两点都做不到，那就太糟了。说死人的好话总是没错的，但是把这运用到活人身上更好，特别是用到付给你薪水的公司。

我在结束前再说一句，就像胡佛以前常常说的那样，但是我可不是在祷告。我注意到你在办公室里有一点骄傲和拘泥。当然，如果一个年轻人头脑里没有太多算计，怎么想就怎么说，这也不坏。但是你会遇到一些有

所成就的人，你会发现，在他们的房子周围没有“请勿践踏草坪”或者“小心猎狗”之类的警示牌，而且在他们说话的时候，他们不会示意乐队奏起一支舒缓的曲子。

优越感能使所有人都感到平等。这就像有礼貌而不过分谦虚；和蔼可亲而不过分亲密；自足自负而不自私；朴素直率而不虚伪。这不需要包装就能有很大的价值。

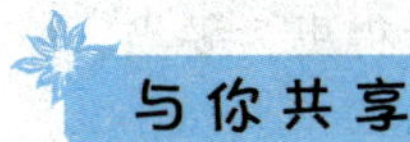

当我们无法改变环境时，就要学会如何去适应环境，也就是说要从过分强烈的自我意识中走出来，努力改变对周围的人和事物的看法。如果真的能做到这一点，或许我们很快就会发现，事情并不像我们想的那样糟，原来生活如此美好。（李闰月）

作者简介 李开复 1961年生于台湾，后移居美国。获美国卡内基梅隆大学计算机学博士学位，开发出世界上第一个非特定人连续语音识别系统。1998年加盟微软，任微软公司副总裁；2005年加盟Google，出任Google公司副总裁、中国区总裁。著有《做最好的自己》一书。

涵养：有容德乃大，无求品自高

□（台湾）李开复

涵养指的是一个人在待人处世方面的修养，特指控制个人情绪的能力。有涵养的人在任何时候都可以表现出一种从容不迫、宠辱不惊的心态来。

生活是欺骗不了的，一个人要生活得光明磊落。

——冯雪峰

从本质上说，人的涵养是一种强大的心灵力量，是另一种形式的智慧。《周易》云："天行健，君子以自强不息；地势坤，君子以厚德载物。"这里的"厚德载物"谈的就是涵养和胸怀对于成功的重要性。

每个渴望成功的人都应当修炼自己的德操，开阔自己的心胸，以容载万物。此外，还应该善于审时度势，把握人与自然、人与社会、人与人之间的关系，做到宠辱不惊，置得失于度外。这样，在待人接物的时候，就可以表现出较高的涵养，可以将人际与事理中的种种问题处置得更为妥当。

比尔·盖茨招贤纳士

微软公司平台部门的副总裁吉姆·埃尔勤(Jim Allchin)是微软公司中最为重要的角色之一。但大家也许不会想到，当年比尔·盖茨请吉姆加入微软公司的时候，颇费周折。

当时，比尔·盖茨通过朋友多次联系吉姆，但吉姆都置之不理。后来，经过比尔再三邀请，吉姆终于答应来微软公司见比尔一面。结果，吉姆一见到比尔，就直截了当地说："微软的软件是世界上最烂的，实在不懂你请我来做什么。"

令吉姆惊讶的是，比尔·盖茨不但不介意他的话，反而对他说："正是因为微软的软件存在各种缺陷，微软才需要你这样的人才。"

比尔·盖茨的涵养和诚意感动了吉姆·埃尔勤，他接受了比尔的邀请加入了微软公司，而吉姆也为微软的发展作出了重大的贡献。他带领的团队开发出了前后三代 Windows 操作系统，并把两个相互分离的开发团队整合到了一起。

试想一下，如果比尔·盖茨和吉姆见面时不能克制住自己的情绪，吉姆就不会到微软工作，微软也许就无法在操作系统领域取得如此的成就。从这个意义上说，正是比尔·盖茨的涵养拯救了微软公司。

只要有足够的涵养、宽广的胸怀，就一定可以应对各种难题。宽容克制并不是软弱、怯懦的表现，相反，它可以很好地体现自己的风度和尊严，可以有助于建立良好的人际关系，赢得更多的支持。

有容德乃大，无求品自高

先父曾留给我一件钱穆先生书写的条幅："有容德乃大，无求品自高。"这件条幅上的第一句话描写的其实就是宽广的胸怀和气量。但是，可能是因为美国教育和文化背景的原因，我一直不能理解第二句话的真谛，不知道第二句与胸怀之间的关系。

2003年，我有幸认识了一位慈善家。当时，他要捐巨款创办一个慈善机构。在我的印象里，许多慈善家都是为了自己"留名"而捐赠钱物的，但是，这位慈善家不但不要求该慈善机构以他的名字命名，甚至还告诉慈善机构，以后如果哪一天经费不足，而他又不在世了，可以向别的富人募捐，并按对方的意愿修改机构的名称。

这样的胸怀、这样的品德，让我终于悟出了"无求品自高"这五个字的真谛。这五个字不是说不可以有欲望，而是说，品德最高的人往往是那些欲望最少的人，也往往是那些胸怀最宽广的人。

我衷心地感激这位慈善家。他帮助我理解了涵养和胸怀的完整意义，更重要的是，他让我父亲的遗产在我心中发挥出了更大的价值。

有容德乃大，无求品自高！如果人人都可以用这句话来陶冶自己的情操，规范自己的行为，如果人人都可以在生活和工作中拥有宽广的胸怀，这个世界将增加多少幸福和欢笑！

与你共享

"有容"和"无求"看似截然不同，其实却有着密不可分的联系。正是因为能够克制自己的欲望，达到了"无求"，才会给自己也给别人机会，做到"有容"。宽广的胸怀绝对不是一味的忍辱负重委曲求全，而是一种高尚的修养和做人境界。（李闰月）

> 说谎话的人所得到的，就是即使说了真话也没有人相信。
>
> ——[古希腊]伊　索

作者简介 亨德里克·威廉·房龙(1882~1944) 荷裔美国作家、历史学家。生于荷兰鹿特丹，后迁居美国。著作主要是历史和传记，包括《人的故事》(即《宽容》)、《文明的开端》、《奇迹与人》、《圣经的故事》、《发明的故事》、《人类的家园》及《伦勃朗的人生苦旅》等。

宽　容

□[美]亨德里克·威廉·房龙

在宁静的无知山谷里，人们过着幸福的生活。

永恒的山脉向东西南北各个方向蜿蜒绵亘。

知识的小溪沿着深邃破败的溪谷缓缓地流着。

它发源于昔日的荒山。

它消失在未来的沼泽。

这条小溪并不像江河那样波澜滚滚，但对于需求浅薄的村民来说，已经绰有余裕。

晚上，村民们饮毕牲口，灌满水桶，便心满意足地坐下来，尽享天伦之乐。

守旧的老人们被搀扶出来，他们在阴凉角落里度过了整个白天，对着一本神秘莫测的古书苦思冥想。

他们向儿孙们唠叨着古怪的字眼，可是孩子们却惦记着玩耍从远方捎来的漂亮石子。

这些字眼的含义往往模糊不清。

不过，它们是1000年前由一个已不为人所知的部族写下的，因此神圣而不可亵渎。

在无知山谷里，古老的东西总是受到尊敬。

谁否认祖先的智慧，谁就会遭到正人君子的冷落。

所以，大家都和睦相处。

恐惧总是陪伴着人们。谁要是得不到园中果实中应得的份额，又该怎么办呢？

深夜，在小镇的狭窄街巷里，人们低声讲述着情节模糊的往事，讲述那些敢于提出问题的男男女女。

这些男男女女后来走了，再也没有回来。

另一些人曾试图攀登挡住太阳的岩石高墙。

但他们陈尸石崖脚下，白骨累累。

日月流逝，年复一年。

在宁静的无知山谷里，人们过着幸福的生活。

外面是一片漆黑，一个人正在爬行。

他的指甲已经磨破。

他的脚上缠着破布，布上浸透着长途跋涉留下的鲜血。

他跌跌撞撞来到附近一间草房，敲了敲门。

接着他昏了过去。借着颤动的烛光，他被抬上一张吊床。

到了早晨，全村人都已知道："他回来了。"

邻居们站在他的周围，摇着头。他们明白，这样的结局是注定的。

对于敢于离开山脚的人，等待他的是屈服和失败。

在村子的一角，守旧老人们摇着头，低声倾吐着恶狠狠的词句。他们并不是天性残忍，但律法毕竟是律法。他违背了守旧老人的意志，犯了弥天大罪。

他的伤一旦治愈，就必须接受审判。

守旧老人本想宽大为怀。

他们没有忘记他母亲的那双奇异闪亮的眸子，也回忆起他父亲30年前在沙漠里失踪的悲剧。

不过，律法毕竟是律法，必须遵守。

守旧老人是它的执行者。

守旧老人把漫游者抬到集市区，人们毕恭毕敬地站在周围，鸦雀无声。

漫游者由于饥渴，身体还很衰弱。老者让他坐下。

他拒绝了。

诚实和勤勉，应该成为你永久的伴侣。

——[美]本杰明·富兰克林

他们命令他闭嘴。

但他偏要说话。

他把脊背转向老者，两眼搜寻着不久以前还与他志同道合的人。

“听我说吧，”他恳求道，“听我说，大家都高兴起来吧！我刚从山的那边来。我的脚踏上新鲜的土地，我的手感觉到了其他民族的抚摸，我的眼睛看到了奇妙的景象。

“小时候，我的世界只是父亲的花园。

“早在创世的时候，花园东面、南面、西面和北面的疆界就定下来了。

“只要我问疆界那边藏着什么，大家就不住地摇头，一片嘘声。可我偏要刨根问底，于是他们把我带到这块岩石上，让我看那些敢于蔑视上帝的人的嶙嶙白骨。

“‘骗人！上帝喜欢勇敢的人！’我喊道。于是，守旧老人走过来，对我读起他们的圣书。他们说，上帝的旨意已经决定了天上人间万物的命运。山谷是我们的，由我们掌管，野兽和花朵、果实和鱼虾，都是我们的，按我们的旨意行事；但山是上帝的。对山那边的事物我们应该一无所知，直到世界的末日。

“他们是在撒谎。他们欺骗了我，就像欺骗了你们一样。

“那边的山上有牧场，牧草同样肥沃，男男女女有同样的血肉，城市是经过1000年能工巧匠细心雕琢的，光彩夺目。

“我已经找到一条通往更美好的家园的大道，我已经看到幸福生活的曙光。跟我来吧，我带领你们奔向那里。上帝的笑容不只是在这儿，也在其他地方。”

他停住了，人群里发出一声恐怖的吼叫。

“亵渎，这是对神圣的亵渎。”守旧老人叫喊着，“给他的罪行以应有的惩罚吧！他已经丧失理智，胆敢嘲弄1000年前定下的律法。他死有余辜！”

人们举起了沉重的石块。

人们杀死了这个漫游者。

人们把他的尸体扔到山崖脚下，借以警告胆敢怀疑祖先智慧的人，杀一儆百。

没过多久，爆发了一场特大干旱。潺潺的小溪枯竭了，牲畜因干渴而死去，粮食在田野里枯萎，无知山谷里饥声遍野。

不过，守旧老人们并没有灰心。他们预言说，一切都会转危为安，至少那些最神圣的篇章是这样写的。

况且，他们已经很老了，只要一点食物就足够了。

冬天降临了。

村庄里空荡荡的，人烟稀少。

半数以上的人由于饥寒交迫已经离开人世。

活着的人把唯一的希望寄托在山脉那边。

但是律法却说："不行！"

律法必须遵守。

一天夜里，爆发了叛乱。

失望把勇气赋予那些由于恐惧而逆来顺受的人们。

守旧老人们无力地抗争着。

他们被推到一旁，嘴里还抱怨着自己的命运不济，诅咒孩子们忘恩负义。不过，最后一辆马车驶出村子时，他们叫住了车夫，强迫他把他们带走。

这样，投奔陌生世界的旅程开始了。

离那个漫游者回来的时间，已经过了很多年，所以要找到他开辟的道路并非易事。

成千上万的人死了，人们踏着他们的尸骨，才找到第一座用石子堆起的路标。

此后，旅程中的磨难少了一些。

那个细心的先驱者已经在丛林和无际的荒野乱石中用火烧出了一条宽敞大道。

它一步一步把人们引到新世界的绿色牧场。大家相视无言。

"归根结底他是对了，"人们说道，"他对了，守旧老人错了……""他讲的是实话，守旧老人撒了谎……"

"他的尸首还在山崖下腐烂，可是守旧老人却坐在我们的车里，唱那些老掉牙的歌。"

"他救了我们，我们反倒杀死了他。"

凡事都要脚踏实地去做，不驰于空想，不骛于虚声，而唯以求真的态度作踏实的工夫。以此态度求学，则真理可明；以此态度做事，则功业可就。 ——李大钊

“对这件事我们的确很内疚，不过，假如当时我们知道的话，当然就……”

随后，人们解下马和牛的套具，把牛羊赶进牧场，建造起自己的房屋，规划自己的土地。从这以后很长时间，人们又过着幸福的生活。

几年以后，人们建起了一座新大厦，作为智慧老人的住宅，并准备把勇敢先驱者的遗骨埋在里面。

一支肃穆的队伍回到了早已荒无人烟的山谷。但是，山脚下空空如也，先驱者的尸首荡然无存。

一只饥饿的豺狗早已把尸首拖入自己的洞穴。

人们把一块小石头放在先驱者足迹的尽头（现在那已是一条大道），石头上刻着先驱者的名字，一个首先向未知世界的黑暗和恐怖挑战的人的名字，他把人们引向了新的自由。

石上还写明，它是由前来感恩朝礼的后代所建。

这样的事情发生在过去，也发生在现在，不过将来（我们希望）这样的事情不要再发生了。

与你共享

所谓先驱者，往往是那些想别人所不敢想、做别人所不敢做的“离经叛道”的人。正因为如此，他们常常被误解甚至被仇视。但他们有一颗宽容的心，虽然明知道自己会在走向光明的路上倒下，却宁愿用自己的死给世人以启示，用他们的身体作为人们奔向新生活的路标。（李闰月）

作者简介

孙犁(1913~2002) 原名孙树勋，河北安平人。现当代小说家、散文家，被称为“荷花淀派”创始人。著有长篇小说《风云初记》，中篇小说《铁木前传》、《村歌》，短篇小说《荷花淀》、《山地回忆》，小说、散文集《白洋淀纪事》，文学评论集《文学短论》等。

谈 谅

□孙 犁

古代哲人、伟大的教育家孔子，在教人交友时特别强调一个“谅”字。

孔子的教学法，很少照本宣科，他总是把他的人生经验作为活的教材，去告诉他的弟子们，交友之道，就是其一。

是否可以这样说呢，人类社会之所以能维持下来，不断进步，除去革命斗争之外，有时也是互相谅解的结果。

谅，就是在判断一个人的失误时，能联系当时当地的客观条件，加以分析。

30年代初，日本的左翼文学，曾经风起云涌般的发展，但很快就遭到政府镇压，那些左翼作家，又风一般的向右转，当时称做“转向”。有人对此有所讥嘲。鲁迅先生说：“这些人忽然转向，当然不对，但那里——即日本——的迫害，也实在残酷。是我们在这里难以想象的。”他的话，既有原则性，也有分析，并把仇恨引到法西斯制度上去。

十年动乱，“四人帮”的法西斯行为，其手段之残忍，用心之卑鄙，残害规模之大，持续时间之长，是中外历史没有前例的，使不少优秀的，正当有为之年的，甚至是聪明乐观的文艺工作者自裁了。事后，有人为之悲悼，也有人对之责难，认为是“软弱”，甚至骂之为“浑”为“叛”，“世界观有问题”。这就很容易使人们想起，有些造反派把某人迫害致死后，还指着尸体骂他是自绝于人民，死不改悔，等等，同样是令人难以索解的奇异心理。如果死

如有着相当计划，鼓着勇气往前走，不要自馁，不要中途自弃。走曲线并不就是失败，在心境上用不着怎样难过。 ——邹韬奋

者起身睁眼问道:“你又是怎样活过来的呢?十年期间,你的言行都那么合乎真理正义吗?”这当然就同样有失于谅道了。

死去的是因为活不下去,于是死去了。活着的,是因为不愿意死,就活下来了。这本来都很简单。

王国维的死,有人说是因为病,有人说因为钱(别人侵吞了他的稿费),有人说是被革命所吓倒,有人说是殉葬清朝。

最近我读到了他的一部分书札。在治学时,他是那样客观冷静,虚怀若谷,左顾右盼,不遗毫发。但当有人“侵犯”了一点点皇室利益,他竟变得那样气急败坏,语无伦次,强词夺理,激动万分。他不过是一个逊位皇帝的“南书房行走”,他不重视在中外学术界的权威地位,竟念念不忘他那几件破如意,一件上朝用的旧披肩,我确实为之大为惊异了。这样的性格,真给他一个官儿,他能做得好吗?现实可能的,他能做的,他不安心去做,而去追求迷恋他所不能的,近于镜花水月的事业,并以死赴之。这是什么道理呢?但终于想,一个人的死,常常是时代的悲剧。这一悲剧的终场,前人难以想到,后人也难以索解。他本人也是不太明白的,他只是感到没有出路,非常痛苦,于是就跳进了昆明湖。长期积累的,耳濡目染的封建帝制余毒,在他的心灵中,形成了一个致命的大病灶。心理的病加上生理的病,促使他死亡。

他的学术是无与伦比的。我上中学的时候,就买了一本商务印的带有圈点的《宋元剧曲史》,对他非常崇拜。现在手下又有他的《流沙坠简》、《观堂集林》等书,虽然看不大懂,但总想从中看出一点儿他治学的方法,求知的道路。对他的糊里糊涂的死亡,也就有所谅解,不忍心责难了。

还有罗振玉,他是善终的。溥仪说他在大连开古董铺,卖假古董。这可能是事实。这人也确是个学者,专门做坟墓里的工作。且不说他在甲骨文上的研究贡献,就是抄录那么多古碑,印那么多字帖,对后人的文化生活,提供了多少方便呀!了解他的时代环境,处世为人,同时也了解他的独特的治学之路,这也算是对人的一种谅解吧。他印的书,价虽昂贵,但都是货真价实,精美绝伦的珍品。

谅,虽然可以称做一种美德,但不能否认斗争。孔子在谈到谅时,是与直和多闻相提并论的。直就是批评、规劝,甚至斗争。多闻则是指的学识。

有学有识，才有比较，才有权衡，才能判断：何者可谅，何者不可谅。一味去谅，那不仅无补于世道，而且会被看成呆子，彻底倒霉无疑了。

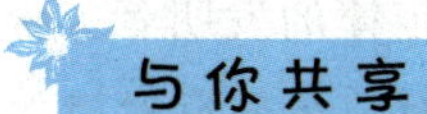

与你共享

“谅”不是简单的宽容和谅解，而是设身处地为他人着想，一分为二去看待人和事物的一种辩证原则。从某种角度上说，“谅”针对的不是个人，而是整个世界。

（邱　敏）

作者简介

肖复兴　1947年生于北京。当代作家。作品集有《音乐笔记》、《音乐的隔膜》、《聆听与吟唱》等，其中《音乐笔记》获首届冰心散文奖。《那片绿绿的爬山虎》、《向往奥运》、《荔枝》、《银色的心愿》、《寻找贝多芬》等文章入选大中小学课本。

宽容是一种爱

□肖复兴

有一首小诗这样写道：“学会宽容/也学会爱/不要听信青蛙们的嘲笑/蝌蚪/那又黑又长的尾巴……/允许蝌蚪的存在/才会有夏夜的蛙声。”

宽容是一种爱。

在激烈的竞争社会，在唯利是图的商业时代，宽容同忠厚一样都成了无用的别名，让位于针尖对麦芒的斤斤计较，最起码也成了你来我往的AA制的记账方式。但是，我还要说：宽容是一种爱。

18世纪的法国科学家普鲁斯特和贝索勒是一对论敌，他们对关于定比这一定律争论了长达9年之久，各执一词，谁也不让谁。最后的结果是，以普鲁斯特的胜利而告终，普鲁斯特成为定比这一科学定律的发明者。普鲁斯特并未因此而得意忘形，据全功为己有。他真诚地对曾激烈反对过他的论敌贝索勒说："要不是有你一次次的质难，我是很难深入地去研究这个定比定律的。"同时，他特别向公众宣告，发现定比定律，贝索勒有一半的功劳。

这就是宽容。允许别人的反对，并不计较别人的态度，而充分看待别人的长处，并吸收其营养。这种宽容是一泓温情而透明的湖，让所有一切映在湖面上，天光云色、落花流水，便都蔚为文章。这种宽容让人感动。

16世纪的德国天文学家开普勒年轻尚未出名时，曾经写过一本关于天体的小册子，被当时已久负盛名的丹麦天文学家第谷发现。当时，第谷正在布拉格进行天文学的研究，繁忙当中，他向师出无名又素不相识的开普勒发出邀请，请他和自己一起研究天文学。开普勒得此消息当然非常高兴，立刻携妻带女星夜兼程前往布拉格，谁想好事多磨，刚走到半路便病倒了，贫穷得身无分文，是第谷得知后给他寄来了钱才使得他一家来到布拉格。但由于妻子的缘故，他和第谷产生了误会，只是因为自己没有马上受到国王的接见，便怪罪于第谷，认为是第谷使的坏，很不冷静地给第谷写了一封信，毫无缘由地谩骂了第谷一通，不辞而别。第谷是个脾气极其不好的人，容易激动恼怒，但对于开普勒，他出奇的平静，他太喜欢这个年轻人了，觉得这个年轻人富有才华，是极有发展前途的，便对秘书说："请立刻代我写信给开普勒，把事情的原委告诉他，说我和国王都是欢迎他的。"第谷的胸怀感动了开普勒，他惭愧地第二次来到布拉格。和第谷合作不久，第谷就身患重病，卧床不起。临终前，第谷将自己所有的资料和观察星辰的科学底稿都毫无保留地交给了开普勒，开普勒后来根据这些资料和底稿整理出来著名的《路德福天文表》。

这就是宽容。误解、谩骂、忘恩负义，都不去计较，并在临终之前将一份最珍贵的信任托付给他。这种宽容是一片宽广而浩瀚的海，包容了一切，便也化解了一切，裹携着你跟随着他一起浩浩荡荡向前奔涌。这种宽容让人钦佩。

宽容就是一种爱。爱的最高境界不是索取，而是付出和给予。宽容，在某种意义上讲其实就是一种付出和给予。

我们的生活日益纷繁复杂，头顶的天空并不尽是凡·高涂抹的一片灿烂的金黄色，脚下的大地也不尽是水泥方砖铺就的天安门广场一样平平坦坦。不尽如人意、不顺心、烦恼、忧愁，甚至能让我们恼怒、无法容忍的事情，可能天天会摩肩接踵而来，才下眉头，又上心头，抽刀断水水更流。我所说的宽容，并不是让你毫无原则地去一味退让。宽容的前提是对那些可宽容的人或事；宽容的内心是爱。宽容，不是去对付，去虚与委蛇，而是以心对心去包容，去化解，去让这个越发世故、物化和势利的粗糙世界变得湿润一些。而不是什么都要剑拔弩张，什么都要斤斤计较，什么都要你死我活，什么都要钩心斗角。难道我们的面前还会出现比普鲁斯特和第谷那样多的责难、反对、误解、谩骂，乃至忘恩负义而背道而驰那样严重的烦扰吗？我们为什么不能多一份宽容给予对方，多一份爱给予这个世界？即使我们一时难以做到如普鲁斯特一样成为一泓深邃的湖，更难以做到如第谷一样成为一片宽广的海，我们起码可以做到如一只青蛙去宽容蝌蚪一样，让温暖的夏夜充满嘹亮的蛙鸣。我们面前的世界不也会多一份美好，自己的心里不也多一些宽慰吗？

宽容是一种爱，爱你的对手，爱这个世界，我们面前的道路才会无限宽广，我们的朋友才会越来越多，我们的烦恼就会随之减少，我们的笑容就会随之增多。斤斤计较的人，工于心计的人，心胸狭窄的人，心狠手辣的人……可能一时会占得许多便宜，或阴谋得逞，或飞黄腾达，或春光占尽，或独霸鳌头……但不要对宽容的力量丧失信心。用宽容所付出的爱在以后的日子里总有一天一定会得到回报，也许来自你的朋友，也许来自你的对手，也许来自你的上司，也许更来自时间的检验。

学会宽容，也学会爱——这真是一句好诗。去努力学会它吧，在人生中，有许多美德正在无情、无端又无奈地在流失，其实许多美德是人类精髓的冶炼和结晶，是值得我们学习和珍惜的，宽容是其中一种。宽容确实是非常美好的。宽容是吹开花朵的温柔的清风，是吹落阴云的湿润的雨花，是容纳大树也容纳小草的田野，是接受百鸟飞翔、欢迎风筝飞舞、允许阳光普照暴雨倾盆的天空……

攀登科学高峰，就像登山运动员攀登珠穆朗玛峰一样，要克服无数艰难险阻，懦夫和懒汉是不能享受到胜利的喜悦和幸福的。——陈景润宽容,是我们自己一幅健康的心电图,是这个世界上一张最美好的通行证!

与你共享

宽容是一种处世智慧,它提示着我们,容纳别人的同时,会给自己开拓出一片更加广阔的天空;宽容是一种发展的眼光,不为眼前的利益所局限,才会求得更大的前途和发展;宽容是一种爱,因为有了爱,我们的世界才会变得分外美好。(邱 敏)

作者简介

詹姆斯·弗雷泽(1854~1941) 英国著名的文化人类学家和民俗学家,以研究人类思想文化的发展,尤其是从巫术到宗教再到科学的发展而著称。学术代表作为12卷本巨著《金枝》。

宽容是人生的美德,处世需要大度

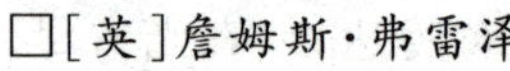

□[英]詹姆斯·弗雷泽

亲爱的儿子:

在这封信里,我想就你谈到的宽容问题和你交流一下看法。我认为一个人是否具有"豁达大度"的宽容心并非小事。它不但关系到自己的工作、学习乃至自己的生命和健康,而且关系到事业的兴衰与成败。

宽容是对那些在意见、习惯和信仰方面与自己不同的人,表现出耐心和光明正大态度的一种气质。

敞开心胸接受新观念和新资讯,并非只是为了使自己的个性更有魅

力。虽然宽容和机智有着密切的关系,但宽容比机智更难辨认,并且抓住对自己有利的事物,你或许无法学到所接触到的所有新观念,但是,你可以研究并尝试去了解它。

无宽容之心,会给我们带来下列不利的情况:使原本愿意和你做朋友的人变成了敌人,由于不愿求取新知而阻碍了心智的发展,阻碍想象力的发展,不利于自律功夫的培养,妨碍正确的思考和推理。

一个人愈缺乏宽容之心,就会愈封闭自己,因而无法接触到多样的社会现象,以及思想的精神层面。反之,只有乐于接受新的观念,才能使思想的精神层面不断茁壮成长。

做有包容心的人,需要胸襟开阔。胸襟是否开阔也是衡量一个人能否成大事的重要标准。胸襟狭小的人,只能看到蝇头小利和眼前利益;胸襟开阔的人,往往眼光高远,不计小利,以大局为重。

一个人的胸襟如果足够开阔,那么他所做的事情和他的做人原则,一定是很有特点的。做人,就应该养成这种良好品德。

有积极心态的人不会把时间花在一些小事情上。小事情会使人偏离自己本来的主要目标和重要事项。如果一个人对一件无足轻重的事情做出反应——小题大做的反应——这种偏离就产生了。

一个能够开创一番事业的人,一定是一个心胸开阔的人。人要成大事,就一定要有开阔的胸怀。只有养成了坦然面对、包容一切的习惯,才会在将来取得事业上的成功与辉煌。

有很多人因为性格孤僻或者没有吸引他人的能力,而导致无缘享受友谊之乐,以致丧失了许多单纯的生命之欢愉,成为孤独、不合群的人。他们曾经发出强烈的呼声:“唉!我真希望,我能吸引一些朋友;我真希望,我能成为一个受人欢迎、为人所乐于接受的人啊!”但是他们不知道要实现这种愿望——结交朋友——其道非难;不过实现之道,只在于自己的包容心,而单纯地求助于他人是行不通的。

一个只肯为自己打算盘的人,到处受人鄙弃。其实,他完全可以将自己化做一块磁石,来吸引他所愿意吸引的任何人物到他的身旁——只要他能在日常生活中,处处表现出博爱与善意的精神,以及乐于助人、愿意帮忙的态度。

> 有些人因为贪婪,想得到更多的东西,却把现在所拥有的失掉了。
>
> ——[古希腊]伊　索

大家都喜欢胸怀宽阔的人。假使一个人打算多交些朋友，首先要宽宏大量。应该常去说别人的好话，常去注意别人的好处，不要把别人的坏处放在心上。

如果常常对别人吹毛求疵，对于别人行为上的失误，常常冷嘲热讽——你该留意，这样的人大多是危险的人物，这样的人往往不太可靠。

具有宽阔心胸的人，看出他人的好处比看出他人的坏处更快。反之，心胸狭隘的人，目光所及都是过失、缺陷甚至罪恶。轻视与嫉妒他人的人，心胸是狭隘的、不健全的。这种人从来不会看到或承认别人的好处。而胸襟开阔的人，即使憎恨他人时也会竭力发现对方的长处，并由此来包容对方。

有的人遇事想不开，甚至为芝麻粒那么大点儿事，也吃不好饭、睡不好觉，自己折磨自己。也有的人觉得谦让是“吃亏”、“窝囊”，因而在非原则矛盾面前，总以强硬的态度出现，甚至大动干戈，结果非但使矛盾不能缓解，而且丢了自己的人格。因而，每一个人都应培养自己“豁达大度”的美德。

多一分宽容，就多一分快乐；多一分宽容，也就多一分真诚。

儿子，在人际交往中，保持宽阔的胸怀，全面展现自身的交友素质，这样你就会获得朋友，就会在人生事业上助你一臂之力。

交友并非一厢情愿，而是相互理解、相互宽容。对方让你一分，自己让对方十分，滴水之恩，当涌泉相报。当然这一点在实际中做起来非常不易，它对人的素质提出了较高的要求。不具备这种素质或是不能展现自身素质的人，都做不到这一点。对方给予了，自己却不能付出，这样当然也不会结成好朋友。

法国大作家雨果说得好：“世界上最宽阔的东西是海洋，比海洋更宽阔的是天空，比天空更宽阔的是人的胸怀。”让我们都来做一个具有大度能容、和以处众的人吧！

深爱你的父亲

古语说：“水至清则无鱼，人至察则无徒。”讲的正是宽容的道理，只有

宽容地待人，我们的身边才会围绕着友谊和阳光，有了付出的那份“舍”，才会有回报的那份“得”。宽容的最终指向，不是别人，正是自己。（邱　敏）

作者简介

周国平　1945年生于上海。中国社会科学院哲学研究所研究员。著有学术专著《尼采：在世纪的转折点上》、《尼采与形而上学》，随感集《人与永恒》，诗集《忧伤的情欲》，散文集《守望的距离》，纪实作品《妞妞：一个父亲的札记》，自传《岁月与性情》等。其大量作品以哲理性思辨为主，是当代颇具影响力的学者、作家。

处　世

□周国平

尽量不动感情，作为一个认识者面对一切纷扰，包括针对你的纷扰，这可以使你占据一个优越的地位。这时候，那些本来使你深感屈辱的不公正行为都变成了供你认识的材料，从而减轻了它们对你的杀伤力。

一本浅薄的书，往往只要翻几页就可以察知它的浅薄；一本深刻的书，却多半要在仔细读完了以后才能领会它的深刻。

一个平庸的人，往往只要谈几句话就可以断定他的平庸；一个伟大的人，却多半要在长期观察了以后才能确信他的伟大。

我们凭直觉可以避开最差的东西，凭耐心和经验才能得到最好的东西。

有时候，最艰难、最痛苦的事情是做决定。一旦做出，便只要硬着头皮执行就可以了。

人们努力追求的庸俗的目标——财产、虚荣、奢侈的生活，我总觉得都是可鄙的。
——[美]爱因斯坦

不要出于同情心而委派一个人去做他很想做的但却力不能及的事，因为任人不是慈善事业，我们可以施舍钱财，却无法施舍才能。

看透大事者超脱，看不透大事者执著；看透小事者豁达，看不透小事者计较。

一个人可能超脱而计较，头脑开阔而心胸狭窄；也可能执著而豁达，头脑简单而心胸开朗。

还有一种人从不想大事，他们是天真的或糊涂的。

一个人简单就会显得年轻，一世故就会显老。

懦弱：懦则弱。顽强：顽则强。那么，别害怕，坚持住，你会发现自己是个强者。

世上许多事，只要肯动手做，就并不难。万事开头难，难就难在人皆有懒惰之心，因为怕麻烦而不去开这个头，久而久之，便真觉得事情太难而自己太无能了。于是，以懒惰开始，以怯懦告终，懒汉终于变成了弱者。

在较量中，情绪激动的一方必居于劣势。

假如某人暗中对你做了坏事，你最好佯装不知。否则，只会增加他对你的敌意。他因为推测到你会恨他而愈益恨你了。

真诚如果不讲对象和分寸，就会沦为可笑。真诚受到玩弄，其狼狈不亚于虚伪受到揭露。

对待世俗的三种居高临下的态度：一、天才：藐视；二、智者：超脱；三、英雄：征服。

在各色领袖中，三等人物恪守民主，显得平庸；二等人物厌恶民主，有强大的个人意志和自信心；一等人物超越民主，有一种大智慧和大宽容。

人生中的有些错误也许是不应当去纠正的，一纠正便犯了新的也许更严重的错误。

与你共享

世事如棋局，要走好它，就需要我们具有足够的冷静和理智。处世是一门博大的学问，只要用心去体会它，就能得到其中的真谛；只要客观地分析，勇敢地面对，冷静地决断，我们就会走出一步又一步的妙招，最终赢得全盘的胜利。

（邱　敏）

作者简介

罗伯特·林德(1879~1949) 英国近代散文名家。生于爱尔兰,一生在伦敦度过,发表了大量随笔和评论文章。代表作有《无知的快乐》等。

论招人厌烦的人

□[英]罗伯特·林德

我有时觉得,最招人厌烦的人,就是那种喜欢跟人讲从一个地方到另一地方有多少条路好走的人。我一生中感到最厌烦的一回,是听一位老先生向一位上年纪的女人讲解,她从诺丁山门回汉普斯特德可能走的全部街道。她向他抱怨说她走的那条路太费时间。于是,他一大串的絮絮叨叨便开了头,其中包括所有的公共汽车路线、街道名和站名。接下来,他用一种平铺直叙的语调指点给她整个西部和北部伦敦的每一条路。他告诉她所有可以换车地方的地名,并且还为她一一详述一路上所有的酒店名称。最后我感觉到,他好像把他自己也弄烦了,至于我们这些人就更不用说了;但他还是不敢把话停下来,想来或许因为他再没有别的什么好谈了。等到最后他起身走开时,我早已陷入昏迷状态,什么卡门敦大街、威尔士亲王路以及不列颠街等等之类街名在我的脑海中不断碰撞,乱作一团。

另外一种使人厌烦的谈话方式是这样一种人的谈话方式,这种人一谈起政治来,就把所有陈词滥调全都抖搂出来,那神情活像他是第一次使用这些语句。我自己就一向是这类讨人厌烦的人。年轻的时候,我因为认识不清,曾误以为格莱斯顿先生的爱尔兰自治提案是危险和有害的,于是每次遇见我那位倡议地方自治的好朋友时,我总爱把话题扯到那个大问题上去。路上并肩走着的时候,我便往他的耳朵里塞那些荒唐的糊涂话,目光炯炯地为他讲述英国历来对爱尔兰的全部德政,并向他大声疾呼那些从自治之前的格莱斯顿以及威廉·哈考特爵士那里引来的尽人皆知的陈

三人行,必有我师焉:择其善者而从之,其不善者而改之。
——(春秋)孔 子

词滥调。我从来没有发表过一点儿新鲜的议论，因为我对那些一无所知。我像一只被激怒了的鹦鹉，只知道重复一大堆可以想到的愚昧无知的话语。就连他那张很有耐性的脸孔上的痛苦表情也不能让我停止。但是有一天，他实在忍无可忍，突然脸一红，冲着我冷冷地来了一句："我的天，你真是个够讨厌的人。"当然，谁也不愿意被人当成讨厌的人，而对一个当面说你讨厌的人，你便很难继续再和他辩论下去了。当我们了解到自己在招人厌烦时，我们就像泄气的气球。我当时的情况就是这样。

拉罗什富科曾说过："我们能原谅那些使我们感到厌烦的人，但不能原谅感到我们厌烦的人。"不过震动一过，我倒没有因为友人的坦率而减少了对他的友情。从那次以后我肯定还曾经招不少人厌烦过；但是除了家里人之外，倒一直还没有人向我讲过我令他们厌烦。我得认真研究别人的面部表情才能知道我是否在招他们厌烦……

与你共享

招人厌烦的人，往往都有一个共同的特点，就是不顾及他人的感受，而只是一味地将自己的想法强加给别人。人是生活在社会中的人，需要融入社会人群，一味地强调个人而不考虑他人，就可能成为与周围格格不入的人。

（邱　敏）

第3辑 真实的高贵

外界总是容易变化的，我们身处的环境、交往的对象也不是固定不变的。我们所应该做的，就是顺应外界的变化，随时调整自己的姿态，以适应社会。但这只是策略，更重要的，是我们要坚持原则，保持内心的真实与高贵。

良心和道德是铺就成功之路的基石。坚持本真，坚持自己的良知和真诚，我们的内心就会更加坚实，更加高贵。

作者简介

莎士比亚(1564~1616) 英国文艺复兴时期杰出的戏剧家和诗人，代表作有四大悲剧《哈姆雷特》、《奥赛罗》、《李尔王》、《麦克白》，喜剧《威尼斯商人》等和100多首十四行诗。

论处世

□[英]莎士比亚

不要想说什么就说什么，凡事必须三思而行；对人要和气，可是不要过分狎昵(xiá nì)。

相知有素的朋友，应该用钢圈箍在你的灵魂上，可是不要对每一个泛泛的新知滥施你的交情。

留心避免和人家争吵，可是万一争端已起，就应该让对方知道你不是可以轻侮的。

倾听每一个人的意见，可是只对极少数人发表你的意见；接受每一个人的批评，但要保留你自己的判断。

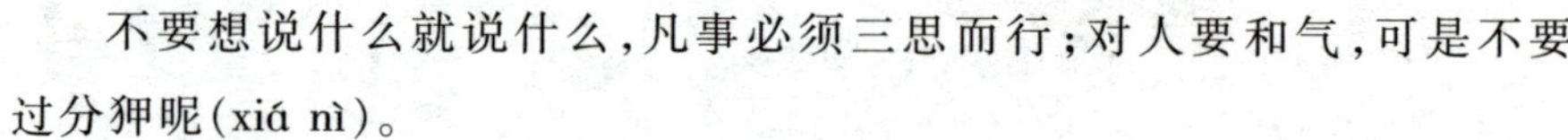

尽你的财力购置贵重的衣服，可是不要标新立异。必须富丽而不浮艳，因为服装往往可以表现人格。

不要向人借钱，也不要借钱给人；因为债放了出去，往往不但丢了本钱，而且还失去了朋友；向人借钱的结果，容易养成因循懒惰的习惯。

尤其要紧的，你必须对你自己忠实，正像有了白昼才有黑夜一样。对自己忠实，才不会对别人欺诈。

与你共享

莎翁这几段简洁而精辟的话，说出的都是人生的真谛，其中的核心是要学会忠实于自己。忠实于自己的善良，才会礼貌地待人，冷静地处世。忠实于自己的勤奋，才会不去做那些贪图享乐的事。忠实于自己的内心，才会不欺骗自己和他人。

(邱 敏)

作者简介

王力（1900~1986） 字了一，广西博白县人。著名语言学家，中国现代语言学的奠基人之一。曾师从梁启超、赵元任、陈寅恪、王国维。著有《汉学史稿》、《汉语音韵学》、《中国现代语法》、《中国语文学史》等语言学专著。他主编的《古代汉语》，现仍为一些高校教学教材。

应付环境和改变自己

□王　力

一个人不能时时刻刻都和环境相宜。当环境恶劣的时候，我们不是设法来应付环境，就是设法改变自己，使自己能适应环境。适应和应付不同：适应是让自己去迎合环境，往往是顺着潮流，成为识时务的俊杰。但是“识时务者为俊杰”这一句格言早已成了“不讲气节”、“没有操守”的别名。于是志士仁人总不肯改变自己来迁就环境，并且在积极方面，还要改造环境，来迁就自己。这样一来，就变了应付环境了。

但是，应付环境不都是好事。譬如大势所趋，到了不可挽回的局面的时候，如果硬要挽回，就非弄到一败涂地不可。所谓“顺天者昌，逆天者亡”，看似无凭而实有凭，它所凭的就是人心中的真理。“天视自我民视，天听自我民听。”民视民听的天意是应该“顺”的，若用现代的话来说，就是应该“适应的”，不是应该设法来应付的。

适应是一种觉悟，应付却是一种手段。为了应付，往往不是以真理为前提，而是以利害为前提。眼看目前的难关过不了，就勉强委屈一下自己，以求渡过难关。这样，就往往是头痛医头，脚痛医脚，一个难关渡过去了，就以为天下从此太平，自己可以高枕无忧。却不知道若非彻底觉悟，彻底改变了自己，仍旧是难关重重的。

为了应付，又往往不择手段。一方面勉强委屈自己，另一方面却仍旧露出了狰狞的本来面目，以求破除障碍，或对抗潮流。这样的应付环境，竟是缘木求鱼。因为只讲应付，不知痛改前非，真正的改变自己，结果一切应付的劳力都会成为白费的。

君子之过，如日月之食。改变自己并不是没有操守，而是非常光明正大的事。问题在于彻底改变了自己之后，对于现有的利益不免大大的牺牲，若不是大智大勇，见义忘利的人，很难做到这一步。然而，改变自己是最简单最有效的办法；舍此不图，徒见其越应付，环境越恶劣，难关越多，终于无法应付而后已。

与你共享

应付环境是一种被动的接受，而改变自己则是一种积极的参与。应付环境时，我们总会感觉身不由己，而改变自己后，我们才能成为世界和自己的主人。改变自己意味着战胜自己，这需要巨大的勇气和魄力。（邱　敏）

作者简介

海明威（1899~1961）　美国著名作家。生于乡村医生家庭，参加过第一、第二次世界大战和西班牙内战。代表作有《太阳照常升起》、《永别了，武器》、《乞力马扎罗的雪》、《老人与海》、《丧钟为谁而鸣》等。1954 年获诺贝尔文学奖。

真实的高贵

□［美］海明威　蔡　慧　译

风平浪静的大海上，每个人都是领航员。

但是，只有阳光而无阴影，只有欢乐而无痛苦，那就不是人生。以最幸福的人的生活为例——它是一团纠缠在一起的麻线，丧亲之痛和幸福祝愿彼此相接，使我们一会儿伤心，一会儿高兴，甚至死亡本身也会使生命更加可亲。在人生的清醒时刻，在哀痛和伤心的阴影之下，人们与真实的自我最接近。

在人生或者职业的各种事务中，性格的作用比智力大得多，头脑的作用不如心情，天资不如由判断力所节制着的自制、耐心和规律。

我始终相信，开始在内心生活得更严肃的人，也会在外表上开始生活得更朴素。在一个奢华浪费的年代，我希望能向世界表明，人类真正需要的东西是非常之渺小的。

悔恨自己的错误，而且力求不再重蹈覆辙，这才是真正的悔悟。优于别人，并不高贵，真正的高贵应该是优于过去的事迹。

与你共享

阳光会伴随着阴影，痛苦会伴随着欢乐，生与死紧密相连，正是这些矛盾着的两极，组成了一个完整的人生和完整的世界。用发展的眼光去看待问题，我们就会发现，真实的高贵其实是流动的，它是对过去的摒弃和对未来的追求。

（邱　敏）

一个人不应该与被财富毁了的人交接来往。

——[法]居里夫人

威廉·哈兹里特(1778~1830)　19世纪初期英国文坛的领导人物，散文作家、评论家，以文字评论及随笔短文著称于当时。最著名的散文集有《席间闲谈》和《时代精神》。如今被公认为是英国散文大家。

应对社会之道

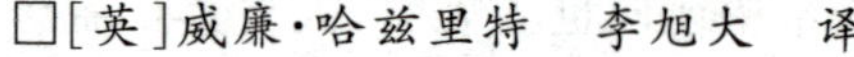

□[英]威廉·哈兹里特　李旭大　译

我亲爱的小乖乖，你即将入寄宿学校就读了，这是你第一次正式踏入这个花花世界，我们都为你高兴。爸爸的身体状况并不是很好，可能无法一直陪伴在你身边，所以，爸爸要告诉你一些在生活上必须注意的事项，爸爸希望这些提醒对你真的实用，同时你也能常常想起爸爸。这些意见，也是爸爸的亲身体验，希望能与你一起分享，并对你的成长有所教益。

常存乐观的态度，对任何事情都抱有希望，除非我们能证明负面的事实。否则，我们要尽量相信事情会往好的方向发展，即使一切不如预期，也无须争辩或对抗，徒增自己的困扰，如果无法改变既定局面，我们就必须努力配合现有的状况。

千万不要因为对其他人没有深入的了解，就率然地对他人抱有傲慢轻视的心理；这是最糟糕的推论，而且会让你处处树敌。除非别人先对你不友善，否则不要认为别人是有恶意的；要以别人的错误为借鉴，不要重复他人的错误。唯有如此，才能化解彼此的敌意，将愤怒、憎恨或抱怨都销匿于无形，最重要的，绝对不能鄙视别人无力改变的弱点，例如贫穷等。

你不会永远跟在我们身旁，也许这对你更好；但是你不能期盼别人也像我们一样对你关怀备至。你要学的第一课就是独立，在这个世界上，除了你自己之外，没有其他人是可以绝对依赖与依靠的。你愈是表现出孩子气的自大骄纵，你就愈将自己陷于没有人愿意帮助你的困境，而且更容易被别人嘲笑。你并不是国王的孩子，生来就握有权柄，可以毁灭或指使别人；你只能期望与别人从友谊的建立开始，彼此分享生命中的点点滴滴，学习别人的长处，成为群体的一分子。

千万不要年少轻狂，对社会持抗争反对的态度，因为我们仍须寄身于此——你所反对的社会，所以这是最不明智的行为。如果抗争能够挽回腐败已久的现实，那这些畸形发展老早就会被改革、重整了，怎么会轮得到你来匡正这些无可救药的现象。虽然如此，我们仍对未来残存着一丝幻灭前的希望，但是千万不要涉足其中，要保持我们纯真而知足的本性。

我们可以放声开怀大笑，也可以狂歌高哭，要忠实于情绪的表达。尊重每个人，我们没有丝毫的权利去贬抑任何人，这样对自己或对别人都好。

与你共享

社会好似一本书，内容丰富多彩而又博大精深，需要人们用一生去细心品读。在一路的成长中，我们少了年少的轻狂，多了成长的理性与成熟，更加懂得处世之道。常怀乐观，生活才拥有更多的希望与快乐；学会独立，才会明白人生最大的依靠是自己。（邱　敏）

作者简介

查斯特菲尔德(1694~1773)　英国著名政治家、外交家及文学家。他写的《查斯特菲尔德勋爵给独生子菲利浦的信》，是世界上第一本充满人间亲情和智慧的人际关系与礼仪经典，成为有史以来最受推崇的家书，被誉为"一部使人脱胎换骨的道德和礼仪全书"。

与何种人交往可帮助自己成长

□[英]查斯特菲尔德

别朝"下"看，应往"上"瞧

首先，应尽可能结交优于自己的人，请朝这个目标努力。结交卓越的人士，便能见贤思齐；反之，若结交远逊于自己的朋友，自己难免同流合污。一如前面所述，人类往往是“近朱者赤、近墨者黑”。

于此，我所谓的“卓越的人士”，并非是指家世显赫、地位超绝的人，而是指有内涵、让世人所称许的人物。

“卓越的人士”大体上可分为以下两大类型：一为立身于社会主导地位的人们；其次则是指那些有着特殊才华的人们。例如，那些对社会有着杰出的贡献、才能出众、学识渊博的学者，才华横溢的艺术家，等等。

而此种杰出绝非凭一己所界定，而需经由社会上的认同方得称之。当然，其间或许有些例外。总之，希望你能结识这些人才。

至于适于结交的场合，也许是厚着脸皮毛遂自荐，或是经由有力人士的大力引荐，当然也可以加入群英聚会的团体里去寻觅朋友。居于其间，仔细去观察拥有不同人格、不同道德观的人们，不仅是件赏心悦目的乐事，更对你有所助益。当然，这是指卓越超群的人们。至于龙蛇混杂的团体，你切莫参加。

身份地位高的人们所聚集的团体，并不见得是人们所称道、喜爱的。因此，即使身份高的人群里，也有脑袋不灵光、不懂得人情世故、一无可取的人。

由学识渊博者组成的团体，也不免有此等现象。这些人虽然获得人们衷心的尊敬，但这称不得是交往的绝佳对象。这些人往往不知道快乐是什么，不清楚世情为何物，只是一味地埋头于学问的钻研中。

若是你参加此种团体就必须不时地提醒自己，经常性地探出头来看看外在的世界。如此一来，你的判断能力才能日渐增长。然而，当你紧密地参与其间，成为不知世事的学者时，当重新踏入鲜活的社会，是否仍能有步履轻快，毫无窒息的感觉呢？

切莫仓促一头栽进，使自己深陷其间

几乎所有的年轻人，均渴望能和才华横溢的人物及诗人成为知交。总认为假使自己亦小有才气，那更是如鱼得水，如若不然，也有着与之共荣的心理。然而，即使是和这些才气纵横、魅力十足的人物交往，也不可不顾一切地全身投入。不丧失判断力，才是最适宜的交往方法。

并非是每个人均能心悦诚服地接受才智这种东西。相反的，才智往往会令人产生恐惧心理。一般说来，在众目睽睽之下，人们每每对锋锐的才智感到惧怕。这就似妇人一见着枪炮便会害怕一样，唯恐对方会突然扣动扳机，子弹便“嗖”的一声朝自己飞了过来。

但是，认识这些人，继而亲近、了解这些人，确实是件有意义而且令人欢欣的事。只是，不论对方多么有魅力，如果自己就此终止和其他人的交往，单和这些人往来，又将会演变成何种情况呢？

与你共享

卓越的人士就如天空中的星斗，不仅能让人看到他们美丽的光环，还能成为引领人前进的方向。与卓越的人士交往，我们就会在不知不觉中开阔自己的眼界，丰富自己的学识，最终也变成一个卓越的人。然而，不论与什么样的人交往，都不能放弃自我，因为自我才是立足的根本。（邱　敏）

作者简介

庐隐（1899~1934）　女，原名黄淑仪，又名黄英，福建闽侯人。现代作家。作品多表现青年的爱情追求和苦闷彷徨，有反封建倾向，从一定角度反映了“五四”时代气息。文笔流利而凄婉。著有短篇小说集《海滨故人》、《曼丽》、《灵海潮汐》，中篇小说《归雁》、《象牙戒指》等。

吹牛的妙用

□庐　隐

吹牛是一种夸大狂，在道德家看来，也许认为是缺点，可是在处事接物上却是一种呱呱叫的妙用。假使你这一生缺少了吹牛的本领，别说好饭碗找不到，便连黄包车夫也不把你放在眼里的。

西洋人究竟近乎白痴，什么事情只讲究脚踏实地去做，这样费力气的勾当，我们聪明的中国人，简直连牙齿都要笑掉了；西洋人什么事都讲究按部就班地慢慢来，从来没有平地登天的捷径，而我们中国人专门走捷径，而走捷径的第一个法门，就是善吹牛。

吹牛是一件不可轻视的艺术，就如《修辞学》上不可缺少“张喻”一类的东西一样，像李白什么“黄河之水天上来”又是什么“白发三千丈”，这在《修辞学》上就叫做“张喻”，而在不懂《修辞学》的人看来，就觉得李太白在吹牛了。

而且实际上说来，吹牛对于一个人的确有极大的妙用。人类这个东西，就是这么奇怪，无论什么事，你若老老实实地把实话告诉他，不但不能激起他共鸣的情绪，而且还要轻蔑你冷笑你，假使你见了那摸不清你根底的人，不管你家里早饭的米是当了被褥换来的，你只要大言不惭地说“某部长是我父亲的好朋友，某政客是我拜把子的叔公，我认得某某某巨商，我的太太同某军阀的第五位太太是干姐妹”吹起这一套来，那摸不清你的人，便服服帖帖地向你合十顶礼，说不定碰得巧还恭而且敬地请你大吃一顿燕菜席呢！

吹牛有了如此的好处，于是无论哪一类的人，都各尽其力地大吹其牛了。但是且慢！吹牛也要认清对方的，不然的话，必难打动他或她的心弦，那么就失掉吹牛的功效了。比如说你见了一个仰慕文人的无名作家或学生，而你自己要自充老前辈时，你不用说别的，只要说胡适是我极熟的朋友，郁达夫是我最好的知己，最好你再转弯抹角地去探听一些关于胡适、郁达夫琐碎的逸事，比如说胡适最喜听什么，郁达夫最讨厌什么，于是便可以亲切地叫着“适之怎样怎样，达夫怎样怎样”，这样一来，你便也就成了胡适、郁达夫同等的人物，而被人所尊敬了。

如果你遇见一个好虚荣的女子呢，你就可以说你周游过列国，到过土耳其、南非洲！并且还是自费去的，这样一来就可以证明你不但学识、阅历丰富，而且还是个资产阶级。于是乎你的恋爱便立刻成功了。

你如遇见商贾、官僚、政客、军阀，都不妨察言观色，投其所好，大吹而特吹之。总而言之，好色者以色吹之，好利者以利吹之，好名者以名吹之，

好权势者以权势吹之，此所谓以毒攻毒之法，无往而不利。

或曰吹牛妙用虽大，但也要善吹，否则揭穿西洋镜，便没有戏可唱了。

这当然是实话，并且吹牛也要有相当的训练，第一要不红脸，你虽从来没有著过一本半本的书，但不妨咬紧牙根说："我的著作等身，只可恨被一把野火烧掉了！"你家里因为要请几个漂亮的客人吃饭，现买一副碗碟，你便可以说："这些东西十年前就有了。"以表示你并不因为请客受窘。假如你荷包里剩下一块大洋，朋友要邀你坐下来打八圈，你就可以说："我的钱都放在银行里，今天竟匀不出工夫去取！"假如哪天你的太太感觉你没多大出息时，你就可以说张家大小姐说我的诗作得好，王家少奶奶说我脸子漂亮而有丈夫气，这样一来太太便立刻加倍地爱你了。

这一些吹牛经，说不胜说，但神而明之，存乎其人！

与你共享

文章的标题叫"吹牛的妙用"，其实是用反讽的手法在揭露吹牛者和听吹牛者的嘴脸。而不吹牛的反面——脚踏实地，才是为人处世的真理和准则。靠华而不实的吹牛混世，无非是自欺欺人，终究无法长久，而真才实学到什么时候都是立足之本。（邱　敏）

不要靠馈赠来获得一个朋友。你须贡献你挚情的爱，学会用正当的方法来赢得一个人的心。

——[古希腊]苏格拉底

作者简介 黑泽明(1910~1998) 日本著名电影导演。1950年拍摄的代表作《罗生门》,翌年在威尼斯国际电影节上获得大奖,从此闻名于世界影坛。其后在国际电影人士的支持下,在美国好莱坞拍摄了《虎虎虎》、《急驰火车》等影响全球的电影,受到广泛好评。其执导的影片还有《七武士》、《大镖客》等。

以德立身是走向成功的根本

□[日]黑泽明

孩子:

你好!

你来信说立志为社会做一番事业,为父甚感欣慰。要为社会做一番事业,需要做的事情很多。我认为,其中最重要的是先学会做人,以德立身。我想和你谈谈以德立身的一些问题。

以德立身贯穿于每个人一生的全部过程,在人生的不同阶段,道德对于人的要求虽有着不同的变化,每个人体验和经历的内容也不一样;但是,以德立身的人生支柱是不变的,它对每个人人生大厦起着支撑作用的定律是不变的。

"德"是指一个人的品行、德行。

不难想象,一个品行不端、德行糟糕的人是无法结识真正的朋友,获得长久的事业成功的。这样的人很难有人能与之长期合作,因为这种人不是搞一锤子买卖,就是过河拆桥;这种人在家庭中,也会做出不道德的事情,极有可能造成亲人和孩子的痛苦和不幸;他们甚至还可能因为某种利益的驱使铤而走险而落入法网……

要走向成功,需要以德立身,这是一个成功者必须确立的内在标准。没有这个内在的标准,人生之路就会失去支撑,最终导致失败。

以德立身,必须以自律为前提。中国有句俗语:"近朱者赤,近墨者黑。”在社会上，交缺德之友最终会成为自己成功路上的定时炸弹。例如，明知这笔贷款不合手续，但因为对方是朋友，所以大开绿灯；明知这个项目不能担保，因为受朋友的委托，所以还是办妥了。诸如此类经济犯罪案件多数发生在年轻人身上，他们重朋友、讲义气，交往中自以为彼此很了解底细，因此在合作中绝对信任对方，毫无防备，不能办的事也不好意思拒绝，这样，将被缺德之人利用，自然会毁了自己的前程。

富兰克林是著名的科学家，一生受到了人们的爱戴和尊敬。但是，富兰克林早年的性格非常乖戾，无法与人合作，做事经常碰壁。

富兰克林在失败中总结经验，他为自己制定了13条行为规范，并严格地执行，他很快为自己铺就了一条通向成功的道路。现将富兰克林为自己制定的13条行为规范抄录如下，与儿共勉：

(1)节制：食不过饱，饮不过量，不因为饮酒而误事。

(2)缄默：不利于别人的话不说，不利于自己的话不讲，避免浪费时间的琐碎闲谈。

(3)秩序：把所有的日常用品都整理得井井有条，把每天需要做的事排出时间表，办公桌上永远都不零乱。

(4)决断：决心履行要做的事，必须准确无误地履行所下定的决心，无论什么情况都不要改变初衷。

(5)节约：除非是对别人或是对自己有什么特殊的好处，否则不要乱花钱，不要养成浪费的习惯。

(6)勤奋：不要荒废时间，永远做有意义的事情，拒绝去做那些没有多大实际意义的事情，对于自己的人生目标追求永不间断。

(7)真诚：不做虚伪欺诈的事情，做事要以诚挚、正义为出发点，如果要发表见解，必须有理有据。

(8)正义：不做任何伤害或者忽略别人利益的事。

(9)中庸：避免极端的态度，克制对别人的怨恨情绪，尤其要克制冲动。

(10)清洁：不能忍受身体、衣服或住宅的不清洁。

(11)镇静:遇事不要慌乱,不管是普通的琐碎小事,还是不可避免的偶然事件。

(12)贞洁:绝不做任何干扰自己或别人安静生活的事,也不要做任何有损于自己和别人名誉的事情。

(13)谦逊:要向耶稣和苏格拉底学习。

对于富兰克林制定的13条行为规范,希望儿子不妨试试,付诸做人的实践。这样你会得到快乐。若能始终如一地坚持下去,你会终生快乐。

良心是永恒的圣诞节,道德是铺就成功之路的基石。祝你成为一个道德高尚的人!

思念你的父亲

与你共享

人生就像一次在大海上的航行,"德"无疑就是航标和灯塔。没有航标指引的船只,即便再坚固耐用,也永远无法达到目的地。以德立身,才能打开通向成功的大门。

(邱　敏)

第 4 辑

人间随处有乘除

行走于世，要讲求一种平衡。有得必有失，有荣也有辱，“人间随处有乘除”，人世间就如一座天平，这头高了那头低，这头低了那头高，不必想不开；重要的是，我们要有一颗平和的心，争取以超然的心态对待世事。

在轻与重之间，得与失之间，热闹与孤独之间，浮躁与沉静之间，我们要学会选择，懂得维持平衡。

作者简介

丰子恺(1898~1975)　原名丰润、丰仁，浙江桐乡人。现当代著名画家、美术和音乐教育家、散文家。曾师从弘一法师(李叔同)、夏丏(miǎn)尊学习绘画、音乐和文学等。1924年首次发表画作《人散后，一钩新月天如水》。著有散文集《缘缘堂随笔》、《缘缘堂再笔》等。曾任中国美术家协会主席、上海中国画院院长等职。

暂时脱离尘世

□丰子恺

夏目漱石的小说《旅宿》(日本名《草枕》)中有一段话："苦痛、愤怒、叫嚣、哭泣，是附着在人世间的。我也在30年间经历过来，此中况味尝得够腻了。腻了还要在戏剧、小说中反复体验同样的刺激，真吃不消。我所喜爱的诗，不是鼓吹世俗人情的东西，是放弃俗念，使心地暂时脱离尘世的诗。"

夏目漱石真是一个最像人的人。今世有许多人外貌是人，而实际很不像人，倒像一架机器。这架机器里装满着苦痛、愤怒、叫嚣、哭泣等力量，随时可以应用，即所谓"冰炭满怀抱"也。他们非但不觉得吃不消，并且认为做人应当如此，不，做机器应当如此。

我觉得这种人非常可怜，因为他们毕竟不是机器，而是人。他们也喜爱放弃俗念，使心地暂时脱离尘世。不然，他们为什么也喜欢休息，喜欢说笑呢？苦痛、愤怒、叫嚣、哭泣，是附着在人世间的，人当然不能避免。但请注意"暂时"这两个字，"暂时脱离尘世"，是快适的，是安乐的，是营养的。

陶渊明的《桃花源记》，大家知道是虚幻的，是乌托邦，但是大家喜欢一读，就为了它能使人暂时脱离尘世。《山海经》是荒唐的，然而颇有人爱读。陶渊明读后咏了许多诗。这仿佛白日做梦，也可暂时脱离尘世。

铁工厂的技师放工回家，晚酌一杯，以慰尘劳。举头看见墙上挂着一幅《冶金图》,此人如果不是机器,一定感到刺目。军人出征回来,看见家中挂着战争的画图,此人如果不是机器,也一定感到厌烦。从前有一科技师向我索画,指定要画儿童游戏。有一律师向我索画,指定要画西湖风景。此种些微小事,也竟有人萦心注目。20世纪的人爱看表演千百年前故事的古装戏剧,也是这种心理。人生真乃意味深长!这使我常常怀念夏目漱石。

与你共享

暂时脱离尘世,不是逃之夭夭的消极遁世,而是对自己的心灵做积极抚慰。就像远航归来的船员,需要一个宁静的港湾,我们也需要给自己的身心寻找这样一处居所,让自己在某个时刻作人生小憩。休整以后,我们会精神倍增地迎接生活中的挑战。(张艳霞)

作者简介

阿瑟·戈森　1905年生。英籍匈牙利作家。1937年在西班牙内战时被法西斯分子捕获并判处死刑,不久又获赦免,由此写出《与死亡对话》,该书反映了一个面对命运者的心态。另著有《隐性写作》、《中午的黑暗》等。

做一个正直的人

□[英]阿瑟·戈森

附近的一所大学邀请我在毕业典礼上讲话,一位朋友对我说:“这还不容易,你只要向他们提供一条万无一失的成功秘方就足矣了。”

这是句玩笑话,但它却牢牢地印在我的脑海里,我对此想得越多,就越相信的确存在着这么一种灵丹妙药,只要人们有识别它的聪明才智,并

> 利己的人最先灭亡。他自己活着,并且为自己而生活。如果他的这个“我”被损坏了,那他就无法生存了。
> ——[苏联]奥斯特洛夫斯基

能付诸实践,它对任何人来说都是可以得到的。

在美国的工业社会中,那些前途远大的人所面临的竞争是严峻的。一年接着一年,实业家们苦心研究年轻人在学校里的成绩,审查他们的申请,为符合理想的人们提供特殊的优越条件。然而,他们实际上寻求的是什么呢?大脑?精力?实际能力?这一切都是需要的。但这些只能使一个人获得某种程度的成功,如果他要攀上高峰,担当起指挥决策的重任,那么还必须加上一条因素,有了它,一个人的能量可以发挥出双倍、三倍的效力。这一奇迹般的品格就是:正直。

在英语中,"正直"一词的基本词义指的是完整。在数学中,整数的概念表示一个数不能被分开。同样,一个正直的人也不能把自己分成两半,他不会心口不一,想一套,说一套——因为实际上他不可能撒谎;他也不会表里不一,说一套,干一套——这样他才不会违背自己的原则。我坚信,正是由于没有内心的矛盾,才给了一个人额外的精力和清晰的头脑,使他必然地获得成功。

正直的人,实际上意味着他有某种内在原则。我可以举几个例子说明正直意味着高标准地要求自己。许多年前,一位作家在一次倒霉的投资中,损失了一大笔财产,趋于破产,他打算用他所赚取的每一分钱来还债。三年后,他仍在为此目标而不懈地努力。为了帮助他,一家报纸组织了一次募捐,许多要人都慷慨解囊,这是一个诱惑——接受这笔捐款将意味着结束这种折磨人的负债生活。然而,作家却拒绝了。他把这些钱退还给了捐助人。几个月之后,随着他的一本轰动一时的新书的问世,他偿付了所有剩余的债务。这位作家就是马克·吐温。

正直意味着有高度的名誉感——提醒你,这里指的不是声誉,而是名誉。伟大的弗兰克·劳埃德·赖特曾经对美国建筑学院的师生们发表讲话,他说:"这种名誉感指的是什么呢?那好,什么是一块砖头的名誉感呢?那就是一块实实在在的砖头;什么是一块板材的名誉感呢?那就是一块地地道道的、名副其实的板材;什么是人的名誉感呢?这就是要做一个正直的人。"弗兰克·劳埃德·赖特恰恰如此,他不愧为一个忠实于自己做人标准的人。

正直意味着具有道德感并且遵从自己的良知。马丁·路德在他被判死刑的城市里,面对着他的敌人说:“去做任何违背良知的事,既谈不上安全稳妥,也谈不上谨慎明智。我坚持自己的立场,上帝会帮助我,我不能做其他的选择。”

正直意味着有勇气坚持自己的信念。这一点包括有能力去坚持你认为是正确的东西,在需要的时候义无反顾,并能公开反对你确认是错误的东西。在一所大医院的手术室里,一位年轻的护士第一次担任责任护士。“大夫,你已经取出了 11 块纱布,”她对外科大夫说,“我们用的是 12 块。”

“我已经都取出来了,”医生断言道,“我们现在就开始缝合伤口。”

“不行。”护士抗议说,“我们用了 12 块。”

“由我负责好了!”外科大夫严厉地说,“缝合。”

“你不能这样做!”护士激烈地喊道,“你要为病人想想!”

大夫微微一笑,举起他的手让护士看了看这第 12 块纱布:“你是合格的护士。”他说道。他在考验她是否正直——而她具备了这一点。

正直意味着自觉自愿地服从。从某种意义上说,这是正直的核心。没有谁能迫使你按高标准要求自己,也没有谁能强迫你献身。同样,没有谁能勉强你服从自己的良知。然而,不管怎样,一位正直的人是会做到这些的。

第二次世界大战期间,当我们的部队正设法冲出敌人的包围时,一位美国陆军上校和他的吉普车司机拐错了弯,迎面遇上了一个德军的武装小分队。两个人跳出车外,隐藏起来。司机躲在路边的灌木丛里,上校则藏在路下的水沟中,德国人发现了司机并向他的方向开火。上校本来是不容易被发现的,然而,他宁愿跳出来还击——用一把手枪对付几辆坦克和机关枪,他被杀害了。这个司机被捕入狱,后来,他对人们讲述了这个故事。为什么这位上校要这样做呢?因为他的责任心要强于他对自己安全的关心,尽管没有任何人勉强他。

这一点难做到吗?的确很难。这就是为什么真正正直的人是难能可贵的,是值得钦佩的。但是从根本上说,正直所具有的无与伦比的价值,是值得人们为此而努力的。请想一想正直会带来什么样的利益吧!

勇敢:正直使人具备了冒险的勇气和力量,他们欢迎生活的挑战,绝不会苟且偷生,畏缩不前。一个正直的人是有把握,并能相信自己的——

品德,应该高尚些;处世,应该坦率些;举止,应该礼貌些。

——[法]孟德斯鸠

因为他没有理由不信任自己。

坚定不移：正直经常表现为坚持不懈、一心一意地追求自己的目标，拒绝放弃自己努力的坚韧不拔的精神。“我们绝不屈从！绝不，绝不，绝不，绝不。无论事物的大小巨细——永远不要屈从，唯有屈从于对荣誉和良知的信念。”温斯顿·丘吉尔是这样说的，也是这样做的。

心地坦然：我注意到，正直的人都是抗震的，他们似乎有一种内在的平静，使他们能够经受住挫折甚至是不公平的待遇。哈利·爱默森·福斯迪克曾讲过亚伯拉罕·林肯在1858年参加参议院竞选活动时，他的朋友警告他不要发表某一次演讲。但是林肯答道：“如果命里注定我会因为这次讲话而落选的话，那么就让我伴随着真理落选吧！”他是坦然的。他确实落了选，但是两年之后，他就任了美国总统。

正直还会给一个人带来许多好处：友谊、信任、钦佩和尊重。人类之所以充满希望，其原因之一就在于人们似乎对正直具有一种近于本能的识别能力——而且不可抗拒地被它所吸引。

怎样才能做一个正直的人呢？我以为这是找不到一个现成答案的。我想，也许第一步就要锻炼自己在小事上做到完全诚实。当你不便于讲真话的时候，不要编造小小的谎言，不要去重复那些不真实的流言飞语，不要把个人的电话费用记入办公室的账上，等等。

这些戒律听起来可能是微不足道的，但是当你真正寻求正直并且开始发现它的时候，它本身所具有的力量就会令你折服，使你在所不辞。最终，你会明白，几乎任何一件有价值的事，都包含着它自身的不容违背的正直的内涵。

这就是万无一失的成功秘方吗？是的。它之所以百灵百验，正是因为它与人的声望、金钱、权力以及任何世俗的衡量标准毫不相干——如果你追求它并且发现了它的真谛，你就一定是个成功者。

与你共享

如果没有正直，一个人即使再有才华和智慧，都很可能会走上歧途，甚至成为世人的灾难。而正是因为有了正直，历史才会滚滚向前，人类才会不断地进步。正直是做人的脊梁，也是为人的根本。（张艳霞）

作者简介 南怀瑾 1918年生于浙江温州。国学大师，中国传统文化的积极传播者，其著作多以演讲整理为主，内容往往将儒、释、道等思想进行比对，别具一格。20世纪80年代末筹资兴建金温铁路，并于1998年建成通车。著作有《正统谋略学》、《论语别裁》、《易经杂说》、《老子他说》等。

人间随处有乘除

□（台湾）南怀瑾

清代的中兴名臣曾国藩，大家都知道，他是近代史上的一位大政治家，不必多介绍他的身世功业了。后世的人，说他建功立业，一共有13套本领，但是其中有11套大的谋略之学，都未曾流传下来，只留了两套本领给后世的人。其中一套，是著了一部《冰鉴》，把相人之术——这是他老师教给他的——传给后世的人。自他以后，有许多政治的、军事的乃至经济等方面的领导人，运用他这部《冰鉴》所述的相人术，选才用人，的确收到了一些效果。

另一套本领，就是他的日记和家书。或者问：曾国藩的日记和家书，不外乎告诉家人，怎样弄好鸡窝，怎样整理菜园，表示很快要回家种田，等等，这些琐碎小事，老农老圃也懂，算得什么大本领，值得留传给后人？

这只是一种皮毛的肤浅看法而已。如果进一步去分析曾国藩、曾国荃兄弟当时所建的功业，所处的环境，时代的政治背景，历史的轨迹，就可以了解到曾国藩絮絮于这些琐碎细事，实际上正深厚地运用了老庄之道。

曾国藩兄弟，经过了9年的艰苦战争，终于将曾经占领了半壁江山，摇撼京师，几乎取得政权的太平天国打垮了，所建立的功绩，是满清入关以来，前所未有，达到了“功高震主”的程度。

“功高震主”的情况，可能有许多人体会不到，试以创办一家公司为比喻。一位公司老板，找到了一位很能干的干部，由于这位干部精明能干，而

向随便什么人征求意见，叙述自己的痛苦，这会是一种幸福，可以跟穿越炎热沙漠的不幸者，从天上接到一滴凉水时的幸福相比。 ——［法］司汤达

且很努力，于是因其良好的功劳业绩，由一名小小的业务员，逐步上升，而股长，而主任，而经理，一直升到总经理。到了这个阶段，公司的一切业务，许多事情，他比老板还更了解更熟练，同下面的人缘又好极了，那么，这种情况下，当老板的就会担起心来。这就“功高震主”了，地位就危险了。在政治上，一个功高震主的大臣，危险与荣誉是成正比的，获得的荣耀勋奖愈多，危险也愈大。不但随时有失去权势财富的可能，甚至生命也往往旦夕不保。

清朝以特务手段驾驭大臣和各级官吏，雍正皇帝是用得最著名而有收效的，以后清朝的帝王，均未放弃这一手法。慈禧太后，以一女人而专政，就用得更多更厉害，所以曾国藩的日记与家书，写这些个鸡栏、菜圃小事，与其说是给家人子弟看，不如说是给慈禧太后看，期在无形中消除老板的疑心，表示自己不过是一个求田问舍的乡巴佬，以保全首领而已。

再从曾国藩给他弟弟曾国荃的一首诗中，也可很明显地看到他深切地了解老庄思想，灵活运用老庄之道。这首诗说：

> 左列钟铭右谤书，人间随处有乘除；
> 低头一拜屠羊说，万事浮云过太虚。

诗中屠羊说的典故，就出自庄子的《让王篇》。屠羊说，本来是楚昭王时，市井一个卖羊肉的屠夫，大家都叫他屠羊说，事实上是一位隐士。“说”是古字，古音通“悦”字。当时，因为伍员为了报杀父兄之仇，帮助吴国攻打楚国，楚国败亡，昭王逃难出奔到随国。屠羊说便跟着昭王逃亡，在流浪途中，昭王的许多问题，乃至生活上衣食住行，都是他帮忙解决，功劳很大。后来楚国复国，昭王派大臣去问屠羊说希望做什么官。屠羊说答复道：楚王失去了他的故国，我也跟着失去了卖羊肉的摊位，现在楚王恢复了国土，我也恢复了我的羊肉摊，这样便等于恢复了我固有的爵禄，还要什么赏赐呢？昭王再下命令，一定要他接受，于是屠羊说更进一步说：这次楚国失败，不是我的过错，所以我没有请罪杀了我；现在复国了，也不是我的功劳，所以也不能领赏。

他这话是多少带刺的，弦外之音就是说，你当国王失败了，才弄得逃亡。现在你把国家救回来了,亦是你的努力和福气。所以楚昭王从大臣那里听到他这样的话,知道这个摆羊肉摊的,并不是普通人物,于是叫大臣召他来见面。不料屠羊说更乖巧,他回答说:依照我们楚国的政治体制,一定要有很大的功劳,受过重赏的人,才可以面对面见到国王。现在我屠羊说,在文的方面,没有保存国家的知识学问,在武的方面,也没有和敌人拼死一战的勇气,当吴国的军队打进我们首都来的时候,我只因为怕死,而急急慌慌逃走,并不是为了效忠而跟随国王一路逃的,现在国王要召见我,是一件违背政体的事,我不愿意天下人来讥笑楚国没有法制。

楚昭王听了这番理论,更觉得这个羊肉摊老板非等闲之辈,于是派了一位更高级的大臣,名子綦(qí),官司马——相近于现代的国防部长——吩咐子綦说,这个羊肉摊的老板,虽然没有什么地位,可是他说的道理非常高明,现在由你去请他来,说我要请他做国家的三公高位。想想看,由一位全国的三军统帅出面来请,这中间有些什么意味。可是屠羊说还是不吃这一套,他说我知道三公的地位,比我一个羊肉摊老板不知要高贵多少倍,这个位置上的薪水,万钟之禄,恐怕我卖一辈子羊肉也赚不了那么多。可是,我怎么可以因为自己贪图高官厚禄,而使我的君主得一个滥行奖赏的恶名呢?我还是不能够这样做的,请你把我的羊肉摊还给我吧!

当然事实上,楚昭王能复国,许多主意并非都是由这位羊肉摊老板提出来的。后来他再三再四地不肯做官,就是"功成,名遂,身退;天之道也"的老庄精神。正是最有学问的人。

曾国藩写这首诗,引用屠羊说的典故,是对他的弟弟曾国荃下警告。他知道,这时的客观环境,对他的危险性非常大。不但上面那位老太太——慈禧太后,非常厉害,难侍候之至,自己不能不居高思危。而外面议论他,批评他,讲他坏话的人也很多。尤其是曾国荃打进南京的时候,太平天国的王宫里面,有许多金银财富,都被曾国荃搬走了。这件事,连曾国藩的同乡至交好友王湘绮,亦大为不满,在写《湘军志》时,固然有许多赞扬,但是把曾氏兄弟以及湘军的坏处,也写进去了。这时曾国藩兄弟也很难过。曾国荃的修养,到底不如哥哥,还有一些重要干部,对于外来的批评,都受不了,向曾国藩进言,何不推翻满清,进兵到北京,把天下拿过来,更

如果想要改变自己的人生,就必须谨慎选用字眼,因为这些字眼能使你振奋、进取和乐观。
——[美]安东尼·罗宾

曾有人把这意见写字条提出。曾国藩看了，对那人说："你太辛苦了，疲累了，先去睡一下。"打发那人走了，将字条吞到肚中，连撕碎丢入字纸篓都不敢，以期保全自己的性命。

同时，他训练出来的子弟兵，也已经变成"骄兵悍将"。打下太平天国以后，个个都有功劳，都有得意自满的心理，很容易骄横，所以又教他的学生李鸿章，赶快训练淮军，来接他的手，冲淡湘军的自满骄横。

事实上，如果曾国荃与湘军一冲动，半个中国已经是他的，似乎进一步就可以把大好河山拿下来。但真的拿不拿得下来呢？亦自有拿不下来的道理。我们现在来仔细研究当时的情况，的确有拿不下来的理由。到底还是曾国藩了不起，宁可不做这件事，所以写了这样一首诗，要曾国荃"低头一拜屠羊说"。他说：尽管左面挂满了中央政府——朝廷的褒奖状，可是要知道"功高震主"的道理，不必因此自满自傲，右边放了毁谤、诋骂我们的文件，这也同样没有什么了不起，不必生气。"人间随处有乘除"，人世间本来就如天平一样，这头高了那头低，这头低了那头高，不必想不开。"低头一拜屠羊说"，只要效法屠羊说的精神与做法，学习这位世上第一高人，那么"万事浮云过太虚"；荣誉也好，毁谤也好，都不过是碧天之上的一片浮云，一忽儿就要被风吹散，成为过去的，澄湛的碧天，依然还是澄清湛蓝的。

在近代史上，明朝平宸濠(chén háo)之乱的王阳明，清朝打败太平天国的曾国藩，都是精通老庄之学，擅用老庄之学，但都是"内用黄老，外示儒术"的作风，如果硬把他们打入儒家，认为他们只知道在那里讲讲理学，打打坐而已，这种看法，不是欺人，便是自欺，否则，便真的要"悔读南华庄子文"了！

与你共享

曾国藩给弟弟的诗作，不仅仅有着居安思危的深谋远虑，有着一份洞察世事的超然和淡薄，还蕴涵着深刻的辩证法。仔细想一想，人生不正如他说的那样吗？在轻与重之间，在得与失之间，在乘与除之间，找到自己的位置才能维持住一种平衡。

(张艳霞)

作者简介

罗素(1872~1970) 英国哲学家、数学家、逻辑学家。主要著作有《哲学原理》、《哲学问题》、《数学原理》、《西方哲学史》、《论教育》、《罗素回忆录》等,曾应梁启超邀请于1920年来华讲学,任北京大学客座教授,其讲稿《罗素五大讲演》曾在中国出版。回国后写出《中国的问题》一书,讨论中国将在20世纪历史中发挥的作用。1950年获诺贝尔文学奖。

宁 静

□[英]罗 素

过度的兴奋不仅有害于健康,而且会使对各种快乐的欣赏能力变得脆弱,使得广泛的机体满足被兴奋所代替,智慧被机灵所代替,美感被惊诧所代替。我并不完全反对兴奋,一定的兴奋对身心是有益的,但是,同一切事物一样,问题出在数量上。数量太少会引起人强烈的渴望,数量太多则使人疲惫不堪。因此,要使生活变得幸福,一定的忍受力是必要的。这一点从小就应该告诉年轻人。

一切伟大的作品都有令人生厌的章节,一切伟人的生活都有无聊乏味的时候。试想一下,一个现代的美国出版商,面前摆着刚刚到手的《旧约全书》书稿。不难想象这时他会发表什么样的评论,比如说《创世纪》吧。“老天爷!先生,”他会这么说,“这一章太不够味儿了。面对这么一大串人名——而且几乎没作什么介绍——可别指望我们的读者会发生兴趣。我承认,你的故事开头不错,所以开始时我的印象还相当好,不过你也说得太多了。把篇幅好好地削一削,把要点留下来,把水分给我挤掉,再把手稿带来见我。”现代的出版商之所以这么说,是因为他知道现代的读者对繁复感到恐惧。对于孔子的《论语》、伊斯兰教的《古兰经》、马克思的《资本论》,以及所有那些被当做畅销书的圣贤之书,他都会持这种看法。

不独圣贤之书,所有精彩的小说也都有令人乏味生厌的章节。要是一

恰当地用字极具威力,每当我们用对了字眼……我们的精神和肉体都会有很大的转变,就在电光石火之间。——[美]马克·吐温

部小说从头至尾，每一页都扣人心弦，那它肯定不是一部伟大的作品。

伟人的生平，除了某些光彩夺目的时刻以外，总有不那么绚丽夺目的时光。苏格拉底可以日复一日地享受着宴会的快乐，而当他喝下去的毒酒开始发作时，他也一定会从自己的高谈阔论中得到一定的满足。但是他的一生，大半时间还是默默无闻地和他的妻子克姗西比一起生活，或许只有在傍晚散步时，才会遇见几个朋友。据说在康德的一生中，从来没有到过柯尼斯堡以外10英里的地方。达尔文，在他周游世界以后，余生都在他自己家里度过。马克思，掀起了几次革命之后，则决定在不列颠博物馆里消磨掉余生。

总之，可以发现，平静的生活是伟人的特征之一，他们的快乐，在旁观者看来，不是那种令人兴奋的快乐。没有坚持不懈的劳动，任何伟大的成就都是不可能的。这种劳动令人如此全神贯注，如此艰辛，以至于使人不再有精力去参加那些更紧张刺激的娱乐活动，除了节假日里恢复体力消除疲劳的娱乐活动，如攀登阿尔卑斯山之外。

与你共享

美丽的烟花只能在一瞬间绽放，动人的歌曲只能在某一时刻响起，而宁静是人生的常态，它的背后隐藏着的是坚韧和执著。天空习惯于宁静，因此而风和日丽；大地习惯于宁静，才能滋养万物。同样，一个人习惯于宁静，才能充沛地发挥自己的激情和能量。（张艳霞）

约叔亚·罗斯·李普曼(1889~1974)　美国专栏作家。1910年哈佛大学毕业,从事新闻工作。1958年和1962年两次获得普利策新闻奖。著有《政治学引论》、《舆论》、《美国外交政策》和《冷战》等。

论宁静的心境

□[美]约叔亚·罗斯·李普曼

只在我头上灌注宁静的蜜露。赐予我一片不受干扰的心境。

曾经,当我是一个充满了丰富幻想的年轻人时,着手起草了一份被公认为人生"幸福"的目录。就像别人有时会将他们所拥有或想要拥有的财产列成表一样,我将世人希求之物列成表:健康、爱情、美丽、才智、权力、财富和名誉。

当我列完清单后,我自豪地将它交给一位睿智的长者,他曾是我少年时代的良师和精神楷模。或许我是想用此来加深他对我早熟智慧的印象。无论如何,我把单子递给了他。我充满自信地对他说:"这是人类幸福的总和。一个人若能拥有这些,就和神差不多了。"

在我朋友老迈的眼角处,我看到了感兴趣的皱纹,汇聚成一张耐心的网。他深思熟虑地说:"是一张出色的表单,内容清晰详细,记录顺序也合理。但是,我的年轻朋友,好像你忽略了最重要的一个要素。你忘了那个要素,如果缺少了它,每项财产都会变成可怕的折磨。"

我暴躁地逼问:"那么,我遗漏的这个要素是什么?"

他用一小段铅笔画掉我的整张表格。在一拳击碎我的少年美梦后,他写下三个单词:心之静。"这是上帝为他特别的子民保留的礼物。"他说。

他赐予许多人才能和美丽。财富是平凡的,名望也不稀有,但心灵的宁静才是他允诺的最终赏赐,是他爱的最佳象征。他施予它的时候很谨慎。多数人从未享受过,有些人则等待了一生——是的,一直到高龄,才等到赏赐降临到他们身上。

倾听对方的任何一种意见或议论就是尊重,因为这说明我们认为对方有卓见、口才和聪明机智;反之,打瞌睡、走开或乱扯就是轻视。　——[英]霍布斯

与你共享

人生的一个境界，就是求得一份宁静的心境。宁静很不容易，斩断利欲纠缠才会有宁静的开始。宁静无比宝贵，它是看不见的财富，时时滋润着我们的心田。有了宁静，方能致远。

（张艳霞）

作者简介

余秋雨　1946年生，浙江余姚人。著名艺术理论家、中国文化史学者、散文作家。出版中外艺术史论专著和散文集多部。代表作有《文化苦旅》、《山居笔记》、《行者无疆》、《千年一叹》、《文明的碎片》、《借我一生》等。

今天的嫉妒

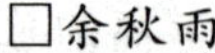

□余秋雨

我们终于走到了可以向嫉妒发起全面挑战的时代，然而这也是嫉妒最猖狂的时代。

这20年，我们看到了，社会在试演过种种整齐的仪式后，终于寻找到了最真实的动力，生命力的多元释放形成了巨大的能源，历史开始变得通体活跃，任何包括嫉妒在内的心理痼疾都成了必须冲破的障碍。然而，正因为这样，嫉妒在各色人等的大起大落中找到最有刺激性的素材。不少突然失去了"大一统"和"大锅饭"护佑的慌乱人群以听众的身份，为嫉妒话语提供了演讲台。让新兴的社会机制在这样的演讲台前变得风雨飘摇，还是让这样的演讲台在新兴的社会机制前变得风雨飘摇？这是中华民族在20世纪的最后一次选择。嫉妒需要方位，可喜的是，社会的巨大变革使嫉妒失去了这种方位。不仅对象不见了，连评判的坐标也找不到了，于是嫉妒不再成为有的放矢的杀手，而是成了一团阴郁飘浮的云气，不知去撞击哪座山头，覆盖哪片树林——就凭这一点，我们也要为社会变革喝彩，目送着那团嫉妒的云气在我们头顶尴尬飘过。

记得十多年前，在许多学校的教研室里，不少中老年教师总在闪闪烁烁地批评青年教师急于发表长篇论文，不甘心长期当绿叶，来衬托他们这些不在乎什么论文的红花；但话音未落，青年教师已经出国；于是批评他们崇洋媚外，然而没过多久青年教师却已学成归来；接下来必然是抱怨青年教师在待遇、职称上得利太多，但青年教师又已辞职……嫉妒的脚步再快，也追不上社会变化的脚步，这实在是一种吉兆。要是嫉妒的脚步更快，截在半道上，那就大事不妙。

在上海街坊邻里间，家家户户长期处于互相窥探之中，连这家多炒了两个菜，那家新买了一辆自行车都成为嫉妒的目标，不知多少争吵由此而生。但是这些年，住房拆迁、下岗转岗、股市升泻、兼并破产，各家各户都在狂飙突转中日新月异，嫉妒的蝙蝠不知该落在哪一根梁柱上？

只能去寻找变动不大的房舍和梁柱了，虽然已经很少，但毕竟还有。例如那些不处于社会转型主体部位的角落，那些被社会改革家们暂时冷落不想立即清理或拆卸的部分，那些曾经有过文雅的声誉现在还能引起人们宽容惯性的领域，那些派别林立、关系错综却又对国计民生并无大碍的方位。在那里，嫉妒还能找到自己熟悉的发泄口道，而且由于其他地方的堵塞而空前汹涌。外人和后人如果不小心一眼看到这样的角落，一定惊诧莫名。

我们正在进入一个特殊的阶段：旧式的嫉妒已构不成力量，新式的嫉妒尚未获得资格。这样的历史阶段，对于群体心理的重构至关重要。很多年前读雨果夫人关于法国大革命前后巴黎社会心理的回忆，感触很深，那也是一个破旧立新两未靠岸的奇异时期，什么怪事都会发生。仅仅为了雨果那部并不太重要的戏剧作品《欧那尼》，法国文坛一切不愿意看到民众向雨果欢呼，更不愿意自己在新兴文学前失去身份的人们全都联合起来了，好几家报纸杂志每期都在嘲讽雨果欠缺学问、违反常识、背离古典、刻意媚俗，在嘲讽的同时又散布大量谣言，编造种种事端。有的评论家预测了作品的惨败，有的权威则发誓绝不去观看演出。待到首演那天，这些人

每一个人都需要有人和他开诚布公地谈心。一个人尽管可以十分英勇，但他也可能十分孤独。
——[美]海明威

抵挡不住心痒还是去了,坐在观众席里假装只想看报纸不想看舞台,但又不时地发出笑声、嘘声来捣乱,也算是与雨果打擂台。

对嫉妒来说,人们对它的无视,比人们对它的争辩更加致命。尽管当时也有一些人为了对雨果的评价发生了决斗,但对嫉妒者最残酷的景象是:广大民众似乎完全没有把他们的诽谤放在眼里,《欧那尼》长久火爆,直到因女主角累病而停演。

更有趣的是,8 年后,《欧那尼》复演,全场已是一片神圣的安静。散场后雨果夫人在人群中听到一段对话,首先开口的那一位显然是 8 年前的嫉妒者,他说:“这不奇怪,雨果先生把他的剧本全改了。”

他身边的一位先生告诉他:“不,剧本一字未改。被雨果先生改了的,不是剧本,是观众。”

这就是说,当年激烈的嫉妒者在不知不觉中被雨果同化了。他很想继续嫉妒,带着敌意来到剧场,但是再也无法与雨果建立敌对关系。这便是最深刻意义上的社会变革。

下世纪的嫉妒会是什么样的呢?无法预计。我只期望,即使作为人类的一种毛病,也该正正经经地摆出一个模样来。

是的,嫉妒也可能高贵,高贵的嫉妒比之于卑下的嫉妒,最大的区别在于是否有关爱他人、仰望杰出的基本教养。嫉妒在任何层次上都是不幸的祸根,不应该留恋和赞美,但它确实有过大量并非蝇营狗苟的形态。

既然我们一时无法消灭嫉妒,那就让它留取比较堂皇的躯壳吧,使它即便在破碎时也能体现一点人类的尊严。

与你共享

时代的进步和社会的变革让嫉妒这种人类通病,成为了一具无法还魂的僵尸,我们欣喜地看到,这个曾经张牙舞爪的家伙,再没有了从前的威力和魔法,这不能说不是人类整体水平的一种飞跃和进步。文章结尾处或许可以加上这句话:从嫉妒到竞争的演变,将会成为未来社会人类前进的一种动力。

(张艳霞)

作者简介　周作人(1885~1967)　原名周櫆寿，字启明，号知堂，浙江绍兴人，鲁迅之弟。现当代作家。曾任北京大学等校教授。参与筹组文学研究会，倡导为人生而艺术的现实主义文学。著有《苦茶随笔》、《苦竹杂记》和《风雨谈》等散文集。

沉　默

□周作人

沉默的好处第一是省力。中国人说，多说话伤气，多写字伤神。不说话不写字大约是长生之基，不过平常人总不易做到。那么一时的沉默也就很好，于我们大有裨益。30小时草成一篇宏文，连睡觉的时光都没有，第三天必要头痛，不值得甚矣。若沉默，则可无此种劳苦，虽然也得不到名声。

沉默的第二个好处是省事，古人说“口是祸门”，关上门，贴上封条，祸便无从发生(“闭门家里坐，祸从天上来”，那只算是“空气传染”，又当别论)，此其利一。自己想说服别人，或是有所辩解，照例是没什么影响，而且愈说愈是渺茫，不如及早沉默，虽然不能因此而说服或说明，但至少是不会增添误会。又或别人有所陈说，在这面也照例不很理解，极不容易答复，这时候沉默是适当的办法之一。古人说不言是最大的理解，这句话或者有深奥的道理，据我想则在我至少可以藏过不理解，而在他也就可以有猜想被理解了之自由，沉默之好处的好处，此其二。

与你共享

俗话说：沉默是金。沉默往往不是不去表态，而是用无语的方式表达出自己的态度和观点。沉默的背后，往往有着一双冷静观察的眼睛，有着心平气和的分析和思考，还有着一份睿智和洒脱。　（张艳霞）

作者简介 亨利·大卫·梭罗(1817~1862) 美国著名作家。毕业于哈佛大学。曾协助爱默生编辑评论季刊《日晷》,成为先验主义运动的代表人物之一。主张人类应回到自然,曾在瓦尔登湖畔隐居。他的思想对英国工党、印度甘地和美国黑人领袖马丁·路德·金等人有很大影响。作品有《瓦尔登湖》、《郊游》等。

孤独是一种美

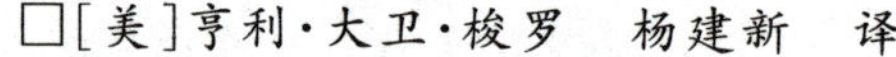

□[美]亨利·大卫·梭罗 杨建新 译

在这美妙的黄昏，我的身心融为一体，大自然的一切尤显得与我相宜。夜幕降临了,风儿依然在林中呼啸,水仍在拍打着堤岸,一些生灵唱起了动听的催眠曲。伴随黑夜而来的并非寂静,猛兽在追寻猎物。这些大自然的更夫使得生机勃勃的白昼不曾间断。

我的近邻远在一英里开外,举目四望,不见一片房舍,只有距我半英里地的黑魃(bá)魃的山峰。四周的丛林围起一块属于我的天地。远方邻近水塘的一条铁路线依稀可辨,只是绝大部分时间,这条铁路像是建在莽原之上,少有车过。这儿更像是在亚洲或非洲,而不是在新英格兰,我独享太阳、月亮和星星,还有我那小小的天地。

然而,我常常发现,在任何自然之物中,我们都可以找到天真无邪、令人鼓舞的伙伴。对于生活在大自然之中的人来说,永远没有绝望的时候。我生活中的一些最愉快的时光,莫过于春秋时日阴雨连绵独守空房的时刻。

人们常常问我:“你一个人住在那儿一定很孤独,很想见见人吧,特别是在雨雪天里。”我真想这样回答他们:“我们赖以生存的地球不也只是宇宙中的一叶小舟吗?我为什么会感到孤独呢?我们的地球不是在银河系之中吗?”将人与人分开并使其孤独的空间是什么?我觉得使两颗心更加亲近的不是双腿。试问,我们最喜欢逗留何处?当然不是邮局,不是酒吧,不是学校，更非副食商店；纵使这些场所使人摩肩接踵。我们不愿住在人多之处，而喜欢与自然为伍，与我们生命的不竭源泉接近。

我觉得经常独处使人身心健康。与人为伴，即便是与最优秀的人相处也会很快使人厌倦。我好独处，迄今我尚未找到一个伙伴能有独处那样令我感到亲切的。当我们来到异国他乡，虽置身于滚滚人流之中，却常常比独处家中更觉孤独。孤独不能以人与人的空间距离来度量。一个真正勤勉的学生，虽置身于拥挤不堪的教室之中，也能像沙漠中的隐士一样对周围一切视而不见，听而不闻。整天在地里锄草或在林中伐木的农夫虽孤身一人却并不感到孤独，这是因为他的身心均有所属。但一旦回到家里，他不会继续独处一方，而必定与家人邻居聚在一起，以补偿所谓一天的“寂寞”。于是，他对此感到不可思议：学生怎么能整夜整天地单独坐在房子里而不感到厌倦与沮丧。他没能意识到，学生尽管坐在屋里却正像他在田野中锄草，在森林中伐木一样。

社会已远远背离“社会”一词的基本意义。尽管我们接触频繁，但却没有时间从对方身上发现新的价值。我们不得不恪守一套条条框框，即所谓“礼节”与“礼貌”，才能使这频繁的接触不至于变得不能容忍而诉诸武力。在邮局中，在客栈里，在黑夜的篝火旁，我们到处相逢。我们挤在一起，互相妨碍，彼此设障，长此以往，怎能做到相敬如宾？毫无疑问，相互接触的适当减少绝不会影响我们之间的重要交流。假如每平方公里的土地上只住一个人——就像我现在这样，那将更好。人的价值不在其表面，我们需要的是深刻的了解，而非频繁浅薄的接触。

身居陋室，以物为伴，独享闲情，尤当清晨无人来访之时。我想这样来比喻，也许能使人们对我的生活略知一斑：我不比那嬉水湖中的鸭子或瓦尔登湖本身更孤独，而那湖水又以何为伴呢？我好比茫茫草原上的一株蒲公英，好比一片豆叶，一只苍蝇，一只大黄蜂，我们都不感到孤独。我好比一条小溪，或那一颗北极星，好比那南来的风，四月的雨，一月的霜，或那新居里第一只蜘蛛，我们都不知道孤独。

与你共享

孤独是一种美，它就像在清晨无人时，滋润草叶的那颗露珠，悄悄地

如果要了解一个人，就看他的朋友。

——蒙古族谚语

滑过人的心田，给人以灵魂的滋养。孤独不是远离，而是一种暂别，是一次短别世俗的疗养和休息。孤独也是一次重新审视，与世俗中的自己隔开一段距离后，或许会有更理性的发现。（张艳霞）

作者简介 曹文轩　1954年生于江苏盐城。当代作家，北京大学教授。主要作品有《忧郁的田园》、《山羊不吃天堂草》、《草房子》、《红瓦》、《芦花鞋》；学术性著作《中国八十年代文学现象研究》、《思维论》等。近作《细米》获第六届全国优秀儿童文学奖。

论孤独

□曹文轩

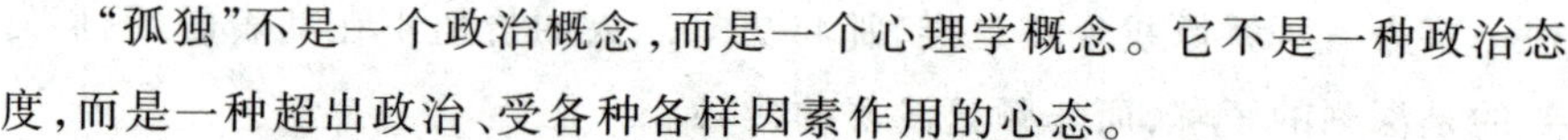

“孤独”不是一个政治概念，而是一个心理学概念。它不是一种政治态度，而是一种超出政治、受各种各样因素作用的心态。

通常，我们都很自然地把孤独看成是一种消极的心态，一种与消沉，甚至与颓废差不多的没落情绪，认为它有悖于人生，有悖于生活，有悖于时代，是失去生活热情后的冷淡，是脱离人群和潮流的沉沦，甚至是一种懦弱的逃避。

应当说，这样的判断是偏颇的。事实上，孤独是一个具有普遍性的存在，它并不会因为某个具体人的人生态度而或有或无。生活中，每个人都有过或都可能有孤独感。它是一种正常的、自然而然的情绪。在一定的极限内，它并不妨碍一个人的积极的人生态度和政治热情。

并且——我们进一步强调说——它具有积极的一面，甚至还颇具价值。对于一个文学家艺术家来说,它更是一种自然的、必不可少的心理品质。单以孤独感来判断他们的积极与消极,只可能滑入形而上学和武断。

文学家艺术家需要认识世界。毫无疑问,要实现这一点,他必须介入这个世界。在世界运动的过程中,他完成了自己的灵与肉的体验,获得了种种经验。然而,仅有介入,并不能保证他对这个世界得出创造艺术品所需足够深切的认识。他还要学会超脱,即完成一种时空上的间离,从运动中心暂时飘移出来。他要从参与者的角色转换为旁观者的角色。这是一种职业需要。他必须获得这一观察姿态,对世界的深切认识,光是贴近,而没有疏远,是难以获得最佳效果的。所谓"旁观者清,当局者迷"、"不识庐山真面目,只缘身在此山中",就是这个道理。

孤独使他们从狭隘的个人经验中解脱出来,距离使观察对象的面积在他们的视野中有了扩展,而此时,他们将会发现许多投身于其中时却不能发现的东西。

文学艺术需要沉淀,需要冷峻。

当一个人全身心地投身这个世界时,他的主观感情会变得十分强烈,在与世界作一种水乳交融般的融合时,他热烈的情绪可能会妨碍他判断的客观性。

孤独使他的目光和头脑皆变得冷静。它帮助他去除了影响思维深度的浮躁和影响他观察质量的迷乱。他将会发现从前许多理解是浅显的,许多判断是愚蠢可笑的。当把种种与他缠绕的关系解除,把种种功利性的目的忘却,而在寂寞中较纯粹地进行思考时,他会变得深刻起来。

文学艺术从不满足于对个人的形而下的生活体验,而追求更为广阔、更为抽象,也更能接近存在本质的形而上的揭示和概括。这时,孤独的心理状态是必要的。

物质的越来越丰富,使过去整日为温饱而焦虑和劳作的人有了空余和闲情。他们开始思索一些具有哲学性的命题:人是什么?人从哪儿来,到哪儿去?这种思索将会导致人发现自己与世界、与同类之间的隔膜,对存在产生疑虑,对价值选择产生困惑。随着思索的深入,困惑和不理解将会加深,孤独感便会不由自主地来临。

现代的生产方式和生活方式,也使得孤独的产生成为可能。越来越先

亲善产生幸福,文明带来和谐。

——[法]雨　果

进的科学技术,使过去那种喊着号子、众人动作协调一致的群体的劳动形态几乎消失。如今,一方面,一种隐性的合作关系比原先的更为加强(都在一个巨大的网络之中),而另一个方面,劳动者直接感到的却是一种个人化的劳动。他独自一人操纵着最先进的设备而从事生产,不必要与很多人在同一时空里进行身体的合作。白炽灯下,当他终年孤身一人守着那些仪表,不管是在白天还是在黑夜,他的孤独还能避免吗?交流的现代化,使过去面对面眉目传情,甚至进行肉体接触的机会也大为减少。北京到地球那一面的纽约的长途电话只需几秒钟就能接通。卫星能使全球同时在电视机的屏幕上观看世界杯足球。然而人们在那一阵感到的却是:这里只有我一个人。交流方式的现代化,使人们放弃了过去迫不得已而采取的真正接触,而一旦采取这种遥远的符号化的接触,孤独便在不觉之中笼上心灵。人渴求宁静,一种现代文明逐渐在全球得到认可:切勿打扰。人们之间,轻易不发生接触。这种新的相处原则,使人与人之间的关系变得清淡和简单。高楼,现代社会的象征。这种用钢筋和混凝土构筑而成的耸向高空的坚实的长方体,拔地而起,日益增多,大有覆盖整个城市之势,古老的四合院、平房正被取而代之。过去,合用一口水井或一个自来水龙头,敞开门来对话,夏日院中的共同纳凉,生活用品欠缺而互相借用……这一切都将成为回忆。如同鸽舍的高楼,将一个长方体分割成若干方块,又用结实的门和配有铁条的窗,将这些方块封闭起来。孤独便在这样的居住形式中很自然地被强化着。

作为现代化生活的敏感者,文学家艺术家的孤独心态只能比常人更为锐利和强烈。从更加真实地反应现代人的心态这一角度而言,文学家艺术家也应当很自然地被强化着。

与一般大众相比,伟大的文学家艺术家应是思想的先驱者。他们对世界的认识能力,对真理的悟性,应该超出一般大众。他们一方面还有责任去创造出新的精神财富。这就会有一种可能,即,他们创造出的精神财富不能被一般大众所及时认识和接受。他与一般大众之间的差距是极容易出现的。有时,他想清除这种距离,然而终于不能。

自古以来,先驱者常常是孤独的。

全部的人类发展史、科学史已经无数次证明:真理的发现和它的早期，总是掌握在少数人手里，甚至是在某一个人手里，而绝大部分人起初是迷惑不解，甚至是拒绝和排斥真理的。对于有些先驱者而言，甚至死亡已经降临，而他的时代却还未到来。

先驱者必须要承受这种孤独，并要用一种优雅的风度去忍受这种痛苦。他应当用这样的真理来求得心灵的慰藉：当时的接受，不一定是成功的标志；当时的冷淡和否定，也不一定是失败的标志；当时能否被接受，并非衡量成败的标准。他应当充满勇气和信心，万万不能被此起彼伏的叹息声所困扰，要甘于寂寞，默默地，毫不计较地，平静地走向自己的目标。

而当他的作品被理解了，接受了，并且产生了轰动效应时，他应一如既往地保持冷静。强烈的轰动极容易动摇和破坏一个人的淡泊心境，而激发起人的一种浮躁情绪，使人处于亢奋的精神状态里，这样一来，他就可能在后来对社会、对人生失去准确的判断。

一个树立了伟大文学目标的人，不会在轰动下失去自己，不怕忍受寂寞。米开朗琪罗把自己锁在教堂里（在罗马西斯廷教堂的天顶上作十二使徒的形象）近四年，除了研磨颜料的人以及教皇偶尔入内之外，不放任何人进去。这幅画的大部分都是仰头抬眼绘成的。天顶画完成后的很长一段时期中，他还不得不把信函和书高高地举在头顶上阅看。因为四年作画的姿态，使双眼的肌肉已经习惯于这种反常角度了。高更不顾巴黎同行的议论纷纷，也不顾四下里的一片奚落声，自己独自一人，极平静、极充实地生活在热带雨林中那个具有令他惊讶的“静谧的夜”的塔希堤岛上。

有一些文学家艺术家还从不同角度直接谈到了孤独与创作的关系。海明威说：“写作，在最成功的时候，是一种孤寂的生涯。作家的组织固然可以排遣他们的孤独，但是我怀疑它们未必能够促进作家的创作。一个在稠人广众之中成长起来的作家，自然可以免除孤独寂寥之虑，但他的作品往往流于平庸。而一个在沉寂中独立写作的作家，假若他确实不同凡响，就必须天天面对永恒的东西，或者面对缺乏永恒的状况。”（海明威《在诺贝尔文学奖授奖仪式上的书面发言》）郁达夫认为“凄切的孤单”是“艺术的酵母”，“或者竟可以说是艺术的本身”（郁达夫《北国的微音》，见《郁达夫散文选集》）。

孤独不是绝望。

不要看不起自己，也不要看不起别人。

——[美]约翰·洛克

我们不应该一味贬低和回避这种心态，更不应把它看成是邪恶的情感。它是一种正常并且健康的心态——如果程度得当的话。它标志着一种人格的成熟。它使人少了许多盲目，它使人在嘈杂的生活中有了一份保护身心健康的清静。所以，C.W.莫里斯说："孤独时期和欢庆时期对美好生活都是必要的。"（C.W.莫里斯《发展的自我》）

罗曼·罗兰曾给高尔基写过一封信。信中说："苏联同事们！你们关心社会生活的良好习惯，不应妨碍你们每个人倾注于内心的生活。在连绵不断的行动和感情的激流里，你们应该为自己保留一间单房，离开人群，单独幽居，以便认清自己的力量的弱点，深入思考，然后像安泰那样，重新接触大地……"

这封信不但没有否定作家应当介入社会生活，还高度肯定了这一点。但，它同时强调了孤独的作用：孤独是为了更好地介入——重新接触大地。这段话很好地阐明了介入与分离的辩证关系。

与你共享

对于那些伟大的人物来说，孤独无疑是一种境界。释迦牟尼正是孤独地坐在菩提树下时，才悟出了佛学的真谛。在孤独的思考和工作中，一个个出类拔萃的先驱和智者发现了那些推动人类进步的原理和定律。从某个角度讲，孤独意味着创造和发现。 （张艳霞）

第 5 辑

将礼貌随身携带

每个人都有尊严。与人交往，应懂得尊重、体谅他人，不可唯我独尊，我行我素，不顾及他人的自尊心。谦恭处世，礼貌待人，是和谐人际关系的润滑剂。

一个真正有谦恭之心的人，总是将礼貌随身携带，由内而外散发着高雅的气息，举手投足间流露着一股亲和力。他们对一切人，不论尊卑大小，都恭敬谦和，以礼相待。

作者简介

季羡林　1911年生，山东清平（今临清市）人。著名语言学家、文学翻译家、作家，梵文、巴利文研究专家，北京大学教授。其一生致力于东方学，特别是印度学的研究工作，被誉为东方学大师。著述主要有《中印文化关系史论丛》、《印度简史》、《印度古代语言论集》、《原始佛教的语言问题》等，散文作品有《季羡林谈人生》、《牛棚杂忆》、《病榻杂记》等，翻译作品主要有印度史诗《罗摩衍那》。

谈礼貌

□季羡林

眼下，即使不是百分之百的人，也是绝大多数的人，都抱怨现在社会上不讲礼貌。这是完全有事实做根据的。许多年前，当时我腿脚尚称灵便，出门乘公共汽车的时候多，几乎每一次我都看到在车上吵架的人，甚至动武的人。起因都是微不足道的：你碰了我一下，我踩了你的脚，如此等等。试想，在拥拥挤挤的公共汽车上，谁能不碰谁呢？这样的事情也值得大动干戈吗？

曾经有一段时间，有关的机关号召大家学习几句话："谢谢！""对不起！"等，就是针对上述的情况而发的。其用心良苦，然而我心里却觉得不是滋味。一个有五千年文明的堂堂大国竟要学习幼儿园孩子们学说的话，岂不大可哀哉！

有人把不讲礼貌的行为归咎于新人类或新新人类。我并无资格成为新人类的同党，我已经是属于博物馆的人物了。但是，我却要为他们打抱不平。在他们诞生以前，有人早着了先鞭。不过，话又要说了回来，新人类或新新人类确实在不讲礼貌方面有所创造，有所前进，他们发扬光大了这种并不美妙的传统，他们（往往是一双男女）在光天化日之下，车水马龙之中，拥抱接吻，旁若无人，扬扬自得，连在这方面比较不拘细节的老外看了都目瞪口呆，惊诧不已。古人说："闺房之内，有甚于画眉者。"这是两口子的私事，谁也管不着。但这是在闺房之内的事，现在竟几乎要搬到大街上来，虽然还没有到"甚于画眉"的水平，可是已经很可观了。新人类还要新到什么程度呢？

如果一个人孤身住在深山老林中，你愿意怎样都行。可我们是处在社会中，这就要讲究点人际关系。人必自爱而后人爱之。没有礼貌是目中无人的一种表现，是自私自利的一种表现，如果这样的人多了，必然产生与社会不协调的后果。千万不要认为这是个人小事而掉以轻心。

现在国际交往日益频繁，不讲礼貌的恶习所产生的恶劣影响已经不局限于国内，而是会流布全世界。前几年，我看到过一个什么电视片，是由一个意大利著名摄影家拍摄的，主题是介绍北京情况的。北京的名胜古迹当然都包罗无遗，但是，我的眼前忽然一亮：一个光着膀子的胖大汉子骑自行车双手撒把做打太极拳状，飞驰在天安门前宽广的大马路上，给人的形象是野蛮无礼。这样的形象并不多见，然而却没有逃过一个老外的目光。我相信，这个电视片是会在全世界都放映的。它在外国人心目中会产生什么影响，不是一清二楚了吗？

最后，我想当一个文抄公，抄一段香港《公正报》上的话：

> 富者有礼高质，贫者有礼免辱，父子有礼慈孝，兄弟有礼和睦，夫妻有礼情长，朋友有礼义笃，社会有礼祥和。

与你共享

人类是一种群居动物，一个人生活在群体之中，不仅要懂得自爱，还需要时刻顾及他人的感受，而礼貌正是人与人之间最起码的美德。礼貌待人，不仅会让别人感到舒适，也会让自己感到愉快。做到有礼貌并不难，其要义就是尊重他人。（王 嘉）

祸生于欲，德福生于自禁。圣人以心导耳目，小人以耳目导心。
——(西汉)刘 向

作者简介

梁实秋(1902~1987) 原名治华，生于北京，浙江杭县(今余杭)人。1949年移居台湾。现当代散文家、文学评论家、翻译家。毕业于清华大学，曾留学美国。先后任教于北京大学等校。创作以散文小品著称，以《雅舍小品》为代表作。主要著作有文学评论集《浪漫的与古典的》、《文学的纪律》，译著《莎士比亚全集》等。主编《远东英汉大辞典》。

谦　让

□梁实秋

谦让仿佛是一种美德，若想在眼前的实际生活里寻一个具体的例证，却不容易。类似谦让的事情近来似乎很难得发生一次。就我个人的经验说，在一般宴会里，客人入席之际，我们最容易看见类似谦让的事情。

一群客人挤在客厅里，谁也不肯先坐，谁也不肯坐首座，好像“常常登上座，渐渐入祠堂”的道理是人人所不能忘的。于是你推我让，人声鼎沸。辈分小的，官职低的，垂着手远远地立在屋角，听候调遣。自以为有占首座或次座资格的人，无不攘臂而前，拉拉扯扯，不肯放过他们表现谦让的美德的机会。有的说：“我们叙叙，你年长！”有的说：“我常来，你是稀客！”有的说：“今天非你上座不可！”事实固然是为让座，但是当时的声浪和唾沫星子却都表示像在争座。主人腆着一张笑脸，偶尔插一两句嘴，作鹭鸶笑。这场纷扰，要直到大家的兴致均已低落，该说的话差不多都已说完，然后急转直下，突然平息，本就该坐上座的人便去就了上座，并无苦恼之相，而往往是显着踌躇满志顾盼自雄的样子。

我每次遇到这样谦让的场合，便首先想起聊斋上的一个故事：一伙人在热烈地让座，有一位扯着另一位的袖子，硬往上拉，被拉的人硬往后躲，双方势均力敌，突然间拉着袖子的手一松，被拉的那只胳臂猛然向后一缩，胳臂肘尖画龙点睛撞在后面站着的一位驼背朋友的两只特别凸出的大门牙上，"咯吱"一声，双牙落地！我每忆起这个乐极生悲的故事，为明哲保身起见，在让座时我总躲得远远的，等风波过后，剩下的位置是我的，首座也可以，坐上去并不头晕，末座亦无妨，我也并不因此少吃一嘴。我不谦让。

考让座之风之所以如此盛行，其故有二：第一，让来让去每人总有一个位置，所以一面谦让，一面稳有把握。假如主人宣布，位置只有12个，客人却有14位，那便没有让座之事了。第二，所让者是个虚荣，本来无关宏旨，凡是半径都是一般长，所以坐在任何位置(假如是圆桌)都可以享受同样的利益。假如明文规定，凡坐过首席若干次者，在铨叙上特别有利，我想让座的事情也就少了。我从不曾看见，在长途公共汽车车站售票的地方，如果没有木制的长栅栏，而还能够保留一点谦让之风！因此我发现了一般人处世的一条道理，那便是：可以无需让的时候，则无妨谦让一番，于人无利，于己无损；在该让的时候，则不谦让，于己有利；在应该不让的时候，则必定谦让，于己有利，于人无损。

小时候读到孔融让梨的故事，觉得实在难能可贵，自愧弗如。一只梨的大小，虽然是微不足道，但对于一个四五岁的孩子，其重要性或许并不亚于一个公务员之心里盘算简、荐、委。有人猜想，孔融那几天也许肚皮不好，怕吃生冷，乐得谦让一番。我不敢这样妄加揣测。不过我们要承认，利之所在，可以使人忘形，谦让不是一件容易的事。孔融让梨的故事，发扬光大起来，确有教育价值，可惜并未发生多少实际的效果；今之孔融，并不多见。

谦让作为一种仪式，并不是坏事，像天主教会选任主教时所举行的仪式就蛮有趣。就职的主教照例地当众谦逊三回，口说"我不要当主教"，然后照例地敦促三回终于勉为其难了。我觉得这样的仪式比宣誓就职后再打通电话声明固辞不获要好得多。谦让的仪式行久了之后，也许对于人有潜移默化之功，使人在争权夺利奋不顾身之际，不知不觉地也举行起谦让的仪式。可惜我们人类的文明史尚短，潜移默化尚未能奏大效，露出原始人的狰狞面目的时候要比雍雍穆穆地举行谦让仪式的时候多些，我每次从公共汽车售票处杀进杀出，心里就想先王以礼治天下，实在有理。

俭仆的生活，不但可以使精神愉快，而且可以培养革命品质。

——徐特立

与你共享

有些谦让流于形式，看上去是谦让，实际却是摆摆样子、走走过场。而有些谦让则是真正的美德。真正懂得谦让之道的人，会少去许多争权夺利的纷扰，多出一份悠然淡薄的心境。谦让不仅是礼貌，也是为人之道。（王　嘉）

作者简介

弗兰西斯·培根（1561~1626）　英国哲学家、科学家。被马克思称为“英国唯物主义和整个近代实验科学的真正始祖”。第一个提出“知识就是力量”的人，被尊称为哲学史和科学史上划时代的人物。主要著作有《论说随笔文集》、《培根论人生》、《论科学的价值和发展》、《新工具》等。

论　礼　貌

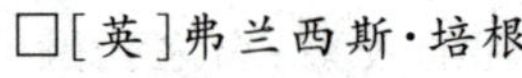
□［英］弗兰西斯·培根

不拘礼仪的人非得品德过人不可，就像无须衬托就镶用起来的宝石，其本身肯定就是光彩夺目的一样。

如果一个人深入细致地观察人生的话，你会看到，获得赞扬的方法犹如经商的诀窍。一句俗话说：“薄利才能多销。”因为小的利润时时刻刻都有，而大利则比较稀疏。同样，小节上的一丝不苟可赢得很高的称赞，因为它们一直在人们的注意之中。而施展大才的机会少之又少。因此，一个人如果举止彬彬有礼，一定对他的名声大有好处；这正如西班牙的女王伊莎贝拉所说的那样：“礼节乃是一封到哪儿都受到欢迎的推荐书。”

优美的举止往往从细微处学得，这样，你就自然会善于观察和学习别人的优点。同时，在其他方面也要自信，举止自然毫不矫揉造作。因为如果你竭力地表现它们，你就会失去在那方面的魅力。有的人举止言谈好像在作诗，其中的每一音节都要仔细推敲。但这种细致入微的人，却可能只见树木，不见森林。也有人举止粗放不拘礼仪，这种不自重的结果告诉别人不要效仿，同时大家也不会尊重他。与陌生人交往和在正式的场合的时候，不能忽略礼节。但是在和熟悉的人一起的时候，你也不能太注重。如果把礼仪形式看得高于一切，结果大家不但觉得你索然无味，而且也会因此失去对你的信任。

所以，在交际中务必要找到一个分寸，使之既直爽又不失礼，而这是最难而又是最高明的。在同等人之间的交往要亲密友好，还应保持一点距离。同下属交往要保持自己的威望，也要显得自己和蔼可亲。事事爱出风头的人是自轻自贱，惹人厌嫌。好心助人当然很好，但不能让人觉得你是为了表现自己。

表示赞同，而且还要表明自己的观点的时候，即使你同意他的观点，你也不能盲从，应表达自己一些不同的观点。如果你完全赞同，也要提出你赞同的条件。如果需要讨论，你的陈述要更深一步。人应该注意不能显得太完美而得到太多的赞美，因为你不能承负太多的妒忌，否则不利于你高尚的德行。

过于计较礼仪，或者太注重时间和机会，将不能成就大业。正如所罗门所说的："看风者无法播种，看云者不得收获。"只有愚者才等待机会，而智者则创造机会。总而言之，礼貌举止犹如人们穿衣——不可太紧，也不要讲究，应该宽松一点，才能行动自如。

与你共享

有一句话说："细节决定成败。"礼貌正是我们与人交往时体现出的细节。细节看似微不足道，实际上却可以产生巨大影响。与不同的人在不同的场合下的恰当礼仪会无形中提升个人的形象。注重细节，不忘礼貌，我们就会成为受欢迎的人。 （王　嘉）

历览前贤国与家，成由勤俭败由奢。

——（唐）李商隐

作者简介 乔治·华盛顿(1732~1799) 美国独立战争大陆军总司令，美利坚合众国的奠基人。1789年当选为美国第一任总统。1793年再度当选总统。1796年卸任，开创美国历史上摒弃终身总统、和平转移权力的范例。因对美国独立作出重大贡献，被尊称为“美国国父”。

谦恭处世

□[美]乔治·华盛顿

一

当你进入一个新的场合、新的团体中时，不论以什么身份，也不论你的资历怎样，刚开始时，除了做你分内的事，尽量少说话。你要做的是多看和多听，还要多思考，良好的思考习惯是非常重要的。在没有完全了解你结识的新人之前，不要妄加评论。在任何时候，牢记这条原则都是有益的。只有在彻底了解事实真相的基础上，才可能说出惊人之语。

尽量不要发表带有个人观点的片面意见，要明白很多所谓的意见只是你一厢情愿的愿望。没有事实依据的偏见则会更糟。与其这样，不如保持沉默。不讲话，就不会马上暴露你的弱点，别人也不好判断你的深浅，要知道，曲线飞行的鸟儿是不容易被捕杀的。

想一些理智的问题，在适当的时机向那些人品优良而且学识较高的人请教。他们的解答中往往会包含比你预想中更多的信息。细心倾听和仔细观察他人的言谈举止也是非常有益的一种受教育过程，不仅可从中看到人心善恶，也相当于上了一堂有关人生百态的课。

有些人特别喜欢表现自己，一到新的场合，就一味专注于自己的谈话，听不到别人的声音，因而对周遭的认识经常是一知半解。这样做不仅不利于自己获取更多有益的信息，也是很令人讨厌的习惯。

在一个你陌生的社交场合，要和善地对待每一个人，不论他是地位低下的人，还是位高权重的人。只要想想，对待他们每个人的态度，都能显示你的修养，你就会用正确的待人方式约束自己的行为。更重要的是，如果你真心对每一个人好，会大大地调和你的人际关系，提升你在人们心目中的地位。

客客气气地对待每一个人，在一般情况下都不是坏事。但是这并不要求你无原则地讨好人。宗教教导人们要一心向善，你所做的只是用一颗善良、公正、热情的心对待他人就可以了。

二

从一个人走路时的姿势步调能看出这个人的修养，优雅的走姿应该像微风一样轻盈稳重。上体笔直，不垂头丧气，双眼平视，面带笑容，两臂自然前后摆动，肩部放松，身体稍向前倾。这样走路，会显得充满活力、神采奕奕。

正常行走的情况下，脚印应该是一条直线向前方延伸，而不是歪歪扭扭。走路不要前俯后仰，左右摆晃；两脚尖向内或向外歪，就是走“内八字”或“外八字”路，也不好看。有的人走路大摇大摆，有的人走路像机器人一样呆板，有的人步履拖沓，发出难听的声响，这些都是很没有修养的体现。

当几个人一起行走的时候，互相之间尽量不要勾肩搭背。如果是和亲密的朋友走在一起需要这么做，那就应该选择一个没有很多人的场合。

一个淑女走路的姿势是颇为讲究的。一般的要求是，尽量踩一条线，而不是两条平行线。如果踩两条平行线走路，臀部会失去摆动，腰部会显得僵硬，失去步态的优美，尤其是年轻的女子，更要注意这一点。或许这一点在有的人眼中显得太苛刻了，但事实是，人们对一个女子是不是美女的判断，并不仅仅看她的脸蛋是否足够漂亮。良好的体态和优美的行为动作都是人们审美的标准。

三

很多事物都可以成为人们谈论的话题，只要我们在平时处处留心，就

夫君子之行，静以修身，俭以养德，非淡泊无以明志，非宁静无以致远。
——（三国）诸葛亮

可以发现许多引人入胜的话题，如文化、事物、政坛、天气、名胜风光以及个人的特殊经历等。

在平时与人交谈的时候，我们可以随时注意观察人们的话题，哪些引人入胜，哪些索然无味，为什么？自己开口时，便自觉地练习讲一些能引起别人兴趣的事情，避免引起让人厌倦的话题。

哪些话题应该避免呢？从你自身来说，首先应该避免你不了解的事情。一知半解、似懂非懂、糊里糊涂地说一遍，不仅不会给别人带来什么益处，反而会给人留下虚浮的坏印象。若有人就这些对你发起究问而回答不出，则更为尴尬。其次是要避免你不感兴趣的话题，试想连你自己都不感兴趣，怎么能期望对方随你兴奋起来呢？如果强打精神，故作昂扬，只能是自受疲累之苦，别人还可能看出你的不真诚。

虽然我们在和人交谈当中，不可能时时都能使对方和自己产生共鸣，但是，只要能找到彼此都感兴趣的共同话题和嗜好，也不至于会使气氛变得过于尴尬和无趣。如果你对于与不熟悉的人交谈应该说些什么确实感到困惑的话，不妨选择以下的话题：

衣、食、住、嗜好、娱乐；

社会上发生的令人震惊的事；

气候变化，地域风光，旅游和出行；

新闻、时事问题；

一些有关人生经验、人生经历的话。

一般在交际场合中，与刚认识的人开始交谈是最不容易的，因为你不熟悉对方的性格、爱好，而时间又不允许你多做了解。这时从平淡处开口，而不是冒昧提出太深入或太特别的话题。最简单的是谈天气，或从当时的环境找寻话题，比如“今天来的人可真不少呀”，“这里你以前来过吗”，“那盆花开得可真不错”等。询问对方的籍贯，然后就你所了解的引导对方详谈其家乡的风物，这也是受人欢迎的话题。

每一个人都应该尊重公众的道德观念。与人谈话，哪些可以说，哪些不能说，都是有讲究的。以下话题诸君还是谨慎言之：

不谈对方深以为憾的缺点和弱点；

不谈上司、同事以及朋友的一些坏话；

不谈人家的秘密；

不谈涉及收入和工作的话题；

不谈一些荒诞离奇、黄色淫秽的事情；

不询问妇女的年龄、婚否、家庭财产等事情；

不要谈及个人的喜怒恩怨；

尽量避免谈论疾病和死亡；

不要对自以为得意的事夸夸其谈。

有了话题，如何延伸话题也很重要。内容来自于生活，来自于你对生活的观察和感受。我们往往可以从一个人的言谈看出他丰富的内涵及对生活的热爱，这样的人总是对周围的许多人和事物充满热情，很难想象一个冷漠而毫无情致的人会兴致勃勃地与你侃侃而谈。

四

在公共场合无论说话还是做事都要掌握分寸。有些人性格开朗，喜欢说笑，这样的人未尝不能给周围的人带来快乐，但也不是说他可以不分时候不分场合地高声狂笑，或者说笑个不听，不知自制，得意忘形。

即使确实有值得高兴的事，也应该用理性和教养来约束和克制自己。这样做的结果不仅显得有修养，而且这种冷静的思维也有利于更加妥善地处理当前发生的事情。万一当前的情形是事情反面的反映，盲目乐观也许就会导致失望的结局。

一个有修养的人无论在什么地方、什么场合都会注意自己的言行举止符合道德规范，在公共场合更是如此。即使今日一些广为人知的礼仪规范，也不是我们的先辈们凭空想象、杜撰出来的，而是由一套早经确立的待人接物准则发展演变而成。

有些人喜欢以当众苛刻地批评他人为乐，而这实在是很没有修养的行为，既为受批评者带来不快，也让自己的形象大打折扣。即使别人确实做错了某些事情，也不要直接加以责难。有些人总喜欢好为人师，动不动就教训别人，这样的性格一定会为他的人生带来麻烦。

且不说他批评指正人的话对不对，光是他一副暴跳如雷的态度就足以

当你与人互动交往时，记住：要满怀热情和诚信地与人交谈。
——[美]戴尔·卡耐基

让别人敬而远之。如果碰上感情脆弱或心胸狭隘的人，也许就结下了仇恨呢。即便是他指责的那个人有不对的地方，他也应该考虑一下自己是否有批评他人的资格。

与你共享

列夫·托尔斯泰曾经说：“一个人就好像分数，他的实际才能好比分子，他对自己的估价就好比分母，分母愈大，则分数值愈小。”谦恭不仅是一种良好的品格和修养，而且是一种受益一生的处世智慧。懂得谦恭的人，往往更容易走向成功。（王　嘉）

贾平凹　原名贾平娃。1952年生，陕西丹凤人。当代著名作家。著有小说集《贾平凹获奖中篇小说集》，长篇小说《商州》、《废都》、《土门》、《高老庄》、《秦腔》、《高兴》，散文集《四十岁说》、《五十大话》等，自传体长篇《我是农民》等。《浮躁》获1987年美国美孚飞马文学奖，后又获得由法国文化交流部颁发的“法兰西共和国文学艺术荣誉奖”。

说　奉　承

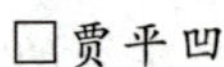

奉承领袖是喊万岁，奉承女人是说漂亮，一般的人，称做同志的，老师的，师傅的，夸他是雷锋，这雷锋就帮你干许多你懒得干的琐碎杂事。人需要奉承，鬼也奠祀着安宁，打麻将不能怨牌臭，论形势今年要比去年好，给牛弹琴，牛都多下奶，渴了望梅，望梅果然止渴。

每个人少不了有奉承，再是英雄，多么正直，最少他在恋爱时有奉承行为。一首歌词，是写少年追求一个牧羊女的，说："我愿做一只小羊，让你用鞭子轻轻地抽在身上。"现实生活中，我们常常在拥挤的电车上看到有的乘客不慎踩了别的乘客的脚，如果是男人踩了男人的脚那就不得了，是丑女人踩了男人的脚那也不得了，但如果是个漂亮的女子踩的，被踩的男人反倒客气了：对不起，我把你的脚垫疼了！世上的女人如小贩筐里的桃子，被挑到底，也被卖到完，所以，女人是最多彩的风景，大到开天辟地，产生了人类，发生了战争，小到男人们有了羞耻去盖厕所。女人已敏感于奉承，也习惯了奉承，对女人最大的残酷不是服苦役，坐大牢，而是所有的男人都不去奉承。

对于女人的奉承——我们可以继续说奉承话吧——并不是错误，它发乎于天性，出自于真诚的热爱美好。最多是我们听到那些奉承的话，看到那些奉承的事，背过身去轻轻窃笑。而不能忍受的，浑身要起鸡皮疙瘩，发麻的，是对一些并不发乎于真诚的奉承。有一位熟人，他不止一次地向我发过牢骚，批评他的领导未在位之前，是不学无术的，"他老婆都瞧不起他，"他说，"连老婆都瞧不起的男人，谁还瞧得起他呢？"可这样的人阴差阳错到了位上，却什么都懂了，任何门科的业务会议上，他都讲话，讲了话你就得记录，贯彻执行！以至于他们同伴之间讥讽，也是"你别精能得像咱领导！"可是，偏是这样的领导，我的那位熟人，在批评与自我批评的会上来奉承了："我给咱头儿提个意见吧：你太不爱惜自己的身体了！你的身体难道是你个人的吗？不，是大家的，是集体的！"

我曾参加过许多全国性的会议，出席者胸前都要戴贴着照片的证牌的，我偶然一次往一位已经是70多岁的老太太的证牌上看了一眼，看到的照片是四五十年前的她，于是留心，竟发现所有的老太太们的照片没一张是现时的。照片当然是自己提供的，老太太们都是名人，年轻时又都是美人，不愿意退出美的舞台是可以理解的，但已经鸡皮鹤首了还戴二三十岁的照片，这实在也太奉承自己了。也就在这次会上，我与一位写书的领导住隔壁，墙不隔音，我每天都能听到来访者对领导的头发、西服以及领导所著的叫《××××》的一本书的奉承。我静静地听，不敢笑，也不敢咳嗽，评价着奉承的高明与低下。大多是智商不高，唯有一日出现个口吃的声

在生活交往中，我们更经常地是由于我们的缺点而不是由于我们的优点讨人喜欢。

——[法]拉罗什富科

音,先是寒暄了一会,接着就沉默,接着就是要打破沉默的"啃儿"、"啃儿"的笑,接着说:"我给你说件真真……真实的事。昨天我上……上街,两个人打……打……打架了,一个把一个打倒在地,在地上的要往起扑,头……头一扬……一扬的。那人打了三……三……三拳,头往上扬……扬的,再用脚踢,头还是扬的,那人在地上摸……摸砖,还是扬,正好旁边有个书……书摊,捡了本书去头上一………一………一拍,头不扬了!你知道那是什……什么书?是《××××》!"

奉承是要得法的,会奉承的人都是语言大师。见秃头说聪明绝顶,坏一只眼是一目了然。某人长相像一个名人,要奉承,说你真像××,不如说××真像你。工会的主席姓王,王姓好呀,正写倒写都是王,如果说:你这王主席,长个小尾巴就好了!王字长了小尾巴成毛字。瞧这话说得多有水平!有人奉承就不得法,人总是要死的,你却不能祝寿时说哎呀,离死又近了一年。领导去基层,可以说你亲自去考察呀!领导上厕所,怎么也不该说你亲自去尿呀!我害病住过院,有人来探视,说:听说你病了,我好难过,路上心里想,自古才子命短……他虽然称我是才子,可我正怕死,他说命短,我怎么高兴?有一度关于我的谣言颇多,甚至有了我的桃色新闻,一个人来安慰我,说:你那些事我听说了,真让我生气!名人嘛,有几个女人是应该的嘛,你千万不要往心上去!他这不是肯定了我的桃色新闻?!

每一个生命之所以为生命,是有其自信和自尊的,一旦宁肯牺牲自己的自信与自尊去奉承,那就有了企图。企图可以硬取,刺刀见红,企图也可以软赚,奉承为事。寓言里的狐狸奉承乌鸦的嗓音好,是想得到乌鸦叼着的一块肉,说"站惯了"的奴才贾桂,是想早日做坐下的主子。善奉承的眼光雪亮,他绝不肯奉承比他位低的,势小的,科长只能奉承处长,处长只能奉承局长,一级撵一级,只要有官之阶,人就往高处走。委屈者求的是全,忍小事者为的是大谋。人的生活需要一些虚幻的精神,有人疼痛,相信止痛针,给注射些蒸馏水,就说是止痛药,那疼痛也就不疼痛了,被奉承的为了荣誉、利益乐于让他人奉承,待发觉给鸡送来了饲养却拿走了鸡蛋时,被奉承者才明白了奉承。

当然,话有三说,巧说为妙,巧说不一定就是奉承。灶王爷之所以是人间普遍喜爱的神,原因是灶王爷"上天言好事,下界降吉祥",也正因为灶王爷是没私利地言好事，降吉祥，灶王爷永远未升官晋级。看多了世间的奉承者和接受奉承者，有许多激愤，想想，人本身就有私欲，社会又注重权与势，哪里又能消灭奉承者和接受奉承者？

与你共享

奉承之所以令人愤慨，缘于它的虚假，而在这虚假的背后，可能隐藏着不可告人的目的。奉承与称赞不同，称赞是真心的赞美，而奉承则是谎言的欺骗。我们不仅不要奉承别人，也要学会拒绝他人的奉承。（王　嘉）

作者简介

傅雷（1908~1966）　别名怒庵，著名翻译家。早年留学法国，几乎译遍法国重要作家如伏尔泰、巴尔扎克、罗曼·罗兰的重要作品。数百万字的译作形成“傅雷体华文语言”。他多艺兼通，在绘画、音乐、文学等方面显示出独特的艺术鉴赏力。代表作《傅雷家书》备受推崇，影响了无数人。

有教养人的礼节

□傅　雷

你素来有两个习惯：一是到别人家里，进了屋子，脱了大衣，却留着丝围巾；二是常常把手插在上衣口袋里，或是裤袋里。这两样都不合西洋的礼貌。围巾必须和大衣一样同脱在衣帽间，不穿大衣时，也要除去围巾。手插在上衣袋里比插在裤袋里更无礼貌，切忌切忌！何况还要使衣服走样，你所来往的圈子特别是有教育的圈子，一举一动务须特别留意。对客气的人，或是师长，或是老年人，说话时手要垂直，人要立直。使这种规矩成了

懂得欣赏别人的人，一定会被别人欣赏。
——[美]戴尔·卡耐基

习惯,一辈子都有好处。

在饭桌上,两手不拿刀叉吃东西时,也要平放在桌面上,不能放在桌下,搁在自己腿上或膝盖上。你只要留心别的有教养的青年就可知道。刀叉尤其不要掉在盘下,叮叮当当的!

出台行礼或谢幕,面部表情要温和,切勿像过去那样太严肃。这与群众情绪大有关系,应及时注意。只要不急,心里放平静些,表情自然会和缓。

总而言之,你要学习的不仅仅是音乐,还要在举动、态度、礼貌各方面吸收别人的长处。这些,我在留学生时代是极注意的;否则,我对你们也不会从小就管这管那,在各种 manner 方面使你们烦了。但望你不要嫌我繁琐,而要想到一切都是要使你更完满、更受人欢喜!

与你共享

一个人的教养常常表现在一些生活的细节上,教养的好坏会影响到他在别人心中的形象。也许我们不一定要事事追求完美,但如果不断提升自己的教养和礼节,我们不仅能更加完善自我,还给别人留下更多美好的印象。

(王　嘉)

作者简介

梁漱溟(1893~1988) 原名焕鼎,字寿铭,广西桂林人。哲学家、教育家,现代新儒家的早期代表人物之一。1921 年出版代表作《东西文化及其哲学》。《人心与人生》和《中国——理性之国》是他晚年的两部重要著作。

道德为人生艺术

□梁漱溟

普通人对于道德容易误会是拘谨的、枯燥无趣味的、格外的或较高远的,仿佛在日常生活之外的一件事情。其实道德可从两方面去说明:一是从社会学方面去说明,二是从人生方面说明。现在我从人生方面来说明。

道德是什么?即是生命的和谐,也就是人生的艺术。所谓生命的和谐,即人生生理心理——知、情、意——的和谐;同时,也是我的生命与社会其他人生命的和谐。所谓人生的艺术,就是会让生命和谐,会做人,做得痛快漂亮。凡是一个人在他生命某一点上,值得旁人看见佩服、点头、崇拜及感动的,就因他在这个地方生命流露精彩,这与写字画画唱戏作诗作文等做到好处差不多。

不过,在不学之人,其可歌可泣之事,从生命自然而有,并未从此讲求。然而在儒家则与普通人不同,他注意讲求人生艺术。儒家圣人让你对他整个生活(举凡一颦(pín)一笑一呼吸之间),都感动佩服,从而使你的生命受到影响变化。以下再来梳理误会。

说到以拘谨、守规矩为道德,记起我和印度泰戈尔的一段谈话。在民国十三年时,泰戈尔先生到中国来,许多朋友要我与他谈话,我本也有话想同他谈,但因访他的人太多,所以未去。待他将离北平时,徐志摩先生约我去谈,并为我做翻译。到那里,正值泰戈尔与杨丙辰先生谈宗教问题。杨先生以儒家为宗教,而泰戈尔则说不是的。当时徐先生指着我说:梁先生是孔子之徒。泰戈尔说:我早知道了,很愿听梁先生谈谈儒家道理。我本无

"像爱自己那样爱别人",这就是确立人脉关系的要谛。

——[日]原一平

准备,只就他们的话而有所辨明。

泰戈尔为什么不认为儒家是宗教呢?他认为宗教是在人类生命的深处有其根据的,所以能够影响人。尤其是伟大的宗教,其根于人类生命者愈深不可拔,其影响更大,空间上传播得更广,时间上亦传得很久远,不会被推翻。然而他看儒家似不是这样。仿佛孔子在人伦的方面和人生的各项事情上,讲究得很妥当周到,如父应慈,子应孝,朋友应有信义,以及居处恭,执事敬,与人忠等,好像一部法典,规定得很完全。这些规定,自然都很妥当,都四平八稳的;可是不免离生命就远了。因为这些规定,要照顾各方,要得乎其中;顾外则遗内,求中则离根。因此泰戈尔判定儒家不算宗教;并奇怪儒家为什么能在人类社会上与其他各大宗教有同样长久伟大的势力!

我当时答他说:孔子不是宗教,是对的;但孔子的道理却不尽在伦理纲常中。伦理纲常是社会一面,论语上说:"吾十有五而志于学,三十而立,四十而不惑,五十而知天命,六十而耳顺,七十而从心所欲不逾矩。"所有这一层一层的内容,我们虽不十分明白,但可以看出他是说自己生活,并未说到社会。又如论语上孔子称赞其门弟子颜回的两点:"不迁怒,不贰过。"也都是说其个人本身的事情。未曾说到外面。无论自己为学或教人,其着重之点,岂不明白吗?为何单从伦理纲常那外面粗的地方来看孔子呢?这是第一点。

还有第二点,孔子不一定要四平八稳,得乎其中。你看孔子说:"不得中行而与之,必也狂狷乎!"狂者志气很大,很豪放,不顾外面;狷者狷介,有所不为,对里面很认真;好像各走一偏,一个"左倾",一个右倾,两者相反,都不妥当。然而孔子却认为可以要得,因为中庸不可能,则还是这个好。其所以可取处,即在各自生命真处发出来,没有什么敷衍迁就。

反之,孔子所最不高兴的是乡愿,如谓:"乡愿德之贼也。"又说:"过我门而不入我室,我不憾为者,其唯乡愿乎!"乡愿是什么?即是他没有自己生命的真力量,而在社会上四面八方却都应付得很好,人家都称他是好人。孟子指点得最明白:"非之无举也,刺之无刺也,同乎流俗,合乎污世,居之似中信,行之似廉洁,从皆悦之,自以为是,而不可与人尧舜之道。"那就是说外面难说不妥当,可惜内里缺乏真的。狂狷虽偏,偏虽不好,然而真的就好——这是孔孟学派的真精神真态度,这与泰戈尔所想象的儒家相差多远啊！

泰戈尔听我说过之后，很高兴地说："我长这样大没有听人说过儒家这道理，现在听梁先生的话，心里才明白。"世俗误会拘谨，守规矩为道德，正同泰戈尔的误会差不多。其实那样正难免落归乡愿一途，正恐是德之贼呢！

误以为道德是枯燥没趣味的，误认拘谨守规矩是与道德相连的。道德诚然不是放纵浪漫：像平常人所想象的快乐仿佛都在放纵浪漫中，那自然为这里（道德）所无。然如你了解道德是生命的和谐，而非指拘谨守规矩，则生命和谐中趣味最深最永。"德者得也"，正谓有得于己，正谓有以自得。自得之乐，无待于外面的什么条件，所以其味永，其味深。我曾说过人生靠趣味，无趣味则人活不下去。活且活不下去，况讲到道德乎？这于道德完全隔膜。明儒王心齐先生有"乐学歌"（可看明儒学案），歌曰："乐是乐此学，学是学此乐，不乐不是学，不学不是乐。"其所指之学，便是道德，当真，不乐就不是道德呀！

道德也不是格外的事。记得梁任公先生、胡适先生等解释人生道德，喜欢说小我大我的话，以为人生价值要在大我上求，他们好像必须把"我"扩大，才可把道德收进来。这话最不对！含着很多毛病。其实，"我"不需扩大，宇宙只是一个"我"，只有在我们精神往下陷落时，宇宙与我才分开。如果我们精神不断地向上奋进，生命与宇宙通而为一，实在分不开内外，分不开人家与我。

孟子说："今人乍见孺子将入于井，皆有怵惕恻隐之心。"这时实分不出我与他（孺子）。"我"是无边无际的，哪有什么小我大我呢？虽然我们为人类社会着想，或为朋友为大众卖力气，然而均非格外的，等于我身上痒，我要搔一搔而已。

与你共享

表面上看孔孟之道讲求的是礼教和纲常，但其本质指向的却是人内心的真实。这大概就是"思无邪"的境界吧。仁爱发自于内心，便是真正的仁爱；道德发自于内心，便是最纯粹的道德。自然流露，才是为人的至高境界。

（王　嘉）

为一件过失辩解，往往使这过失显得格外重大，正像用布块缝补一个小小的窟窿眼儿，反而欲盖弥彰一样。

——[英]莎士比亚

作者简介 奥里森·马登(1848~1924) 美国成功学大师,《成功》杂志的创办人。被公认为美国成功学的奠基人和最伟大的成功励志导师之一。著作有《一生的资本》、《思考与成功》、《伟大的励志书》、《成功的品质》、《高贵的个性》等。美国前总统威廉·麦金莱说:“马登的书对所有具有高尚思想和远大抱负的年轻读者来说都是一个巨大的鼓舞。我认为,没有任何东西能够比马登的书更值得推荐给每一个美国的年轻人。”林语堂曾向国内读者推荐过他的书。

将礼貌随身携带

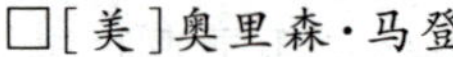

□[美]奥里森·马登

有一家欧洲旅馆因为热情好客、服务无与伦比而出名。老板在旅馆的墙壁上写了这样一句格言:“你可以享受特罗查特的优质面包、鲜肉和葡萄酒,只要随身带上它们即可。”

这句话对谦恭和礼貌同样适用。无论走到哪里,只要随身携带这些美好的东西,你将发现所遇到的每个人都像你一样彬彬有礼。

有许多人不仅在旅行时一无所获,而且在自己的一生中也没什么收获,原因之一就是他们没有带上自己的礼貌。结果,无论走到哪里,他们总是制造摩擦,总是与别人发生冲突。

对身居高位的人而言,彬彬有礼占有很重要的位置。没有哪个真正至高无上的人缺少优秀品质。优秀的操守和优雅的举止向来是高贵出身和良好教养的标志。

世上没有人不受礼貌的感染。要想生活取得成功,就最好将威廉所写的威克姆的座右铭放在眼前,并循此格言而行:“礼貌造就人。”

无论能力有多高,受的教育有多好,粗鲁、生硬的举止都会拒人于千里之外。偏见会关闭人们的心扉,让你吃闭门羹。没礼貌的人无论怎样才高八斗,都只能在前进的路上一步步艰难前行,因为他们反感的那些人,那些不喜欢他们的人，不会像对待亲切、合意、和善的人那样，闪在一旁让他们通行。亲切、合意、和善的人处处受欢迎，走到哪里，大门都为之敞开，而能力虽强但品行令人讨厌的人，在这些大门面前，必须被别人探着脑袋问个究竟方可进入。

没有比彬彬有礼更好的介绍信。面部语言和举止风度是对思想的速记，可以方便快捷地供人解读。最有魅力的人总是最有礼貌的人，而不是外表最美的人。若论在社会上取得成功，与脸蛋美丽可爱、身材无可挑剔但举止粗鲁无礼的人相比，即便相貌平平甚至身体残疾，彬彬有礼的丑脸都要比漂亮脸蛋强一万倍。

爱默生说："有些举止是在良好的大环境中学来的。这类举止具备这样的力量：如果某个人拥有它们，即便没有美貌、金钱或天赋，他或她都必将处处受人关注、处处受人欢迎。"

在这个世界上，所有人都在寻找阳光与和谐。我们尽量避开黑暗、潮湿、阴沉的场所，回避苛刻、讨厌、"刺头"的人，就像不愿置身令人压抑的环境一样。每个人都希望自己被讨人喜欢、举止文雅的人所包围，而不愿被凶暴、粗俗、古怪、讨厌的人团团围住。

在商业生活中，除了至真至诚之外，也许没有什么比良好的举止、谦恭有礼更能推动一个人成功了。其他情况下也是一样，比如说，两个人申请同一职位，举止最得体的人会最终得到它。第一印象就是一切。粗野、鲁莽、庸俗的举止马上会引起别人的成见，关闭人们的心扉，让我们吃闭门羹。

很多专业人士并无特殊才能，却凭借殷勤客气的礼仪成功赚到了钱，而许多其他人则由于举止粗鲁、态度生硬，而在商场处处碰壁。许多医生将自己的声誉和成功归因于朋友和病人的推荐，这些人记得他的亲切、温柔和体贴，特别是他的礼貌。许多成功的律师、牧师、批发商、零售商以及社会各阶层的人和各行各业的人都有这种感受。

今天的竞争如此激烈，对手如此敏捷，以至于需要利用每个能影响贸易的手段，以保证顾客光临。甚至在25年前，人们还主要出于自己在特定行业的能力考虑为别人做事，与个性或举止无关。刚毅的气概、令人赞赏的个性和吸引人的举止，如今已经成为挑选员工时一个十分重要的因素，因为员工们将来要不断与公众打交道。

> 太阳能比风更快地脱下你的大衣；仁厚、友善的方式比任何暴力更容易改变别人的心意。
>
> ——[美]戴尔·卡耐基

如今，交友能力以及受人欢迎的社交品质，被认为是一名员工非常宝贵的财富，因为老板清楚地知道，放肆、轻率、冷漠或势利的员工能赶走一大批顾客。他们需要有礼貌、关心人、热心肠和招人爱的职员，这种职员甚至能让别人搬开他们前进途中的绊脚石，去享受他们的服务。我们处处可见某些职工由于粗俗无礼而无功而返。雇主们知道，他们的过人天赋和出众才华无法替代礼貌而殷勤的仪态。

一家著名的商行说，顾客的商誉是他们最可珍贵的财富，没有任何东西能像谦恭那样快速有效地创造商誉。谦恭是优秀人品的标志。这种品质总是和其他令人钦佩的品质如影随形。

“如果能掌握 20 个国家的语言，我就在所有这些国家宣扬礼貌的好处。礼貌是成功的阿拉丁神灯，”纽约一家银行的行长这样说，“我赞颂礼貌并不是随便说说，因为从我们银行业 65 年的经历来看，我几乎每天都认识到，谦恭是每种职业安身立命的最主要因素之一。谦恭是基督教绅士和机敏处事者的身份标志。”

“谦恭比商品更能回味长久”是一家大型百货商店的口号。谦恭并不能比你购买的任何一种商品保鲜时间更长。人性如此善恶分明，我们甚至能记住侍立在侧的店员与众不同的谦恭、亲切，尤其是体贴。我们喜欢招人喜欢的人、有吸引力的人。我们情不自禁地奔向微笑，远离紧锁的眉头。我们不喜欢被怠慢或被人熟视无睹。我们不辞辛苦，想方设法要成为彬彬有礼、举止得体的人。

年轻人意识不到得体、惬意的举止与生活成功关系多么密切。举止优雅得体的人有一种无法抵挡的魔力，能释放巨大力量。像美貌一样，这种魔力也能影响法官和陪审员。

历史告诉我们，不善英文写作甚至更不善英文拼读的马尔伯勒公爵有一种无法抵挡的举止魅力，以至于他使帝国之间的隔阂不复存在，并影响了整个欧洲。他的神奇举止和令人动容的演讲使最凶悍的仇敌解除了武装，并使最仇视的死敌迅速与他和好。

随处可见令人愉快、有吸引力的人帮助别人赢得荣誉、取得辉煌胜利。我们知道威尔士的年轻王子爱德华·阿尔伯特那动人的个性和举止魅力，他在访问加拿大和美国期间，给人留下了深刻印象并深得人心。他不

仅征服了自己未来的臣民，而且也赢得了美国人民的心。

我们能够脱口说出某个有教养的人：这种人身上带有习惯性的礼貌、殷勤的痕迹。对他来说，谦恭礼貌就像走路说话那样自然。有的人虽然希望自己有教养、有礼貌，希望自己看上去不显得矫揉造作，但早年却没有经过适当培训，因此，尽管倾心全力，往往仍显笨拙、困惑、窘迫、局促，因为他担心自己做错了事、将要做错事或说错话。这两种人相比，反差多大啊！

查斯特菲尔德侯爵成就卓著，判断能力极强。他曾训导儿子为进入社会做好准备，就像运动员习惯于热身一样。“给你的思维和举止加点油，给它们以必需的柔顺性和灵活性；光有力气是不行的。”

有礼貌的人肯定经常出入有教养者组成的社交圈。有一句西班牙谚语说：“与狼为伍，不日能嚎。”我们通过举止暴露自己的交往圈，因为我们会无意识地成为与周围那些人相像的人。

我所认识的礼貌最周全的人不光与彬彬有礼的人交往，而且也是有教养者的后代——“世代相传，广受教养”。

习惯总是背叛我们。只训练公司礼仪的人，只在身边有某个令其敬畏的人时，或在某个他们认为应对其讨好卖乖的人面前才有礼貌的人，在摆脱了这些人的监视时，总会做些欺上瞒下的事情。

许多在与陌生人交往时谨小慎微的人，却以为对待天天打交道的同事和熟人粗鲁、势利或专横一些是无可厚非的。

“关系好并不是举止粗暴的理由，尽管多数人似乎都这么想，”阿诺德·贝内特说，“无论在户外，还是在家中和办公室，都会有人观察你是否有礼貌。”

唉，天底下的孩子都没有学会了解良好举止、客气话、成功个性的力量，这是多么令人痛心啊！相比之下，根除他们稚嫩生命中的野草并珍爱他们稚嫩生命中的鲜花，剔出蓟科植物，让玫瑰花健康成长；剪除丑陋，培育美丽，又是多么的容易。在幼年便毁掉自私的植物，比这些植物长成参天大树之后再去这样做要容易得多。将令人反感、让人生厌的孩子打造成迷人、有吸引力的男人和女人，需要花费大量的阳光、安慰、耐心和无限的爱，这并非不可能。如果所有的母亲、所有的老师都致力于完成这项任务，太平盛世为期不远矣！如果孩子在托儿所便受到科学训练和雕琢，我们现

谈话，和作文一样，有主题，有腹稿，有层次，有头尾，不可语无伦次。

——梁实秋

在就不会有弯曲、粗糙、多节、难看而又完全长成的人之树了！

无论从哪个角度看，优雅、迷人和全身上下透露出的吸引力都是女性的巨大财富。而年轻女性在早期竟然忽视对这些品质的培养，这可真是罪过。

女孩的举止往往能体现她来自什么样的家庭。无论走到哪里，她都会携带着或高雅或粗俗的个人气质。她的理想要受到家教的修饰。她的气度、行为，她的优雅或不雅，她自我克制的性格或一触即怒的脾气，统统都能体现接受家庭教养的程度。

女人体现审美和多情，体现生活中美的一面，她们代表社会文明中最甜美、最温顺、最纤弱、最精巧的事物。每个人都想在女人身上找到姿态的精巧和优美、行为的谦逊和得体。如果在早年没有培养这些高雅品性，不仅会严重损害许多出于无奈在商界打拼的女孩的职业生涯，而且还会严重影响她们得到美满姻缘的机会。男人天生就比女人更健壮，纤维组织更粗糙，本能中更有兽性，他们会被女性特质中一切优雅、美好、柔弱的东西所吸引。男人崇拜女人身上那些他们自己最缺乏的东西。当某个女孩的行为近乎男性化时，他们的反感之情便会油然而生。任何体现、接近于粗俗行为或冒失举动的东西，都会立即使他们逃之夭夭。

在任何情况下都诚恳、谦恭，待人要和蔼，打招呼要亲切，不讲欠考虑的话，不做粗心大意的事，对别人要表现得体、善解人意，让每个人都感到心里更亮堂、更舒服——这是彬彬有礼者的第二特征。

由于小时候没有进行待人接物仪态上的训练，由于在成长过程中没有形成文雅、甜美待人的好品质，使许多年轻姑娘的生活梦想化成了泡影。而正是这种文雅、甜美待人的好品质造就了女性特质的巨大魅力。

这个世界无法知道伟人对其妻子帮助他们成功的优雅沉稳的处世方式和与生俱来的彬彬有礼怀有怎样的感激。第一夫人玛莎·华盛顿温和的影响力对美国国父乔治·华盛顿的帮助，并没有因为国父在简陋兵营的多年生活而有所减少。约瑟芬的迷人举止和神奇说服力，比法国任何追随拿破仑、为其增光添彩的拥护者的耿耿忠心都更有影响。约瑟芬不过在客厅里、沙龙上周旋，而拿破仑这个卓越的领导人则在前方作战。她的个性不仅使她成为法国人心中的女皇，而且使她成为她丈夫所统治国家心目中的女皇。还是她自己恰如其分地道出了她个性魅力的奥妙。她对一位好友

说："我只在一种情况下愿意说'我愿意'这句话，即我说'我愿意身边所有的人都幸福快乐！'"

彬彬有礼源于内心。礼貌在于友好地体贴他人的情感。"没有温厚的性情为基础，任何东西都无法形成良好教养。"布尔沃说。

没有人欣赏只有表面形式而无和善表情为支持的谦恭。外表上的谦恭稀稀疏疏地遮盖着自私和急躁，从长远看，这种谦恭并不能博得好感。

我们都认识自私、无情却又表面装着流露出某种礼貌的人。这些人中，有些人无法理解为什么自己朋友那么少、为什么没人爱他们。其实只因为他们没有让别人崇拜的品质。他们冷酷无情，他们的谦恭并不能打动别人的心，他们的礼貌不过是伪善，出于政治需要罢了。纯礼仪式的、内心可能藏匿着冷漠甚至仇恨的表面礼貌，永远都缺乏精神上的品质，而正是这种精神上的品质，能赋予真正谦恭以高尚的祝福。

与你共享

"己所不欲，勿施于人"，当我们和他人交往时，对方其实就是一面镜子，我们的一言一行一举一动，无一例外都会从镜子里反射出来。如果我们渴望别人的友谊和善待，就要带上自己的礼貌，并随时展示给别人。（王 嘉）

有许多隐藏在心中的秘密都是通过眼睛被泄露出来的，而不是通过嘴巴。
——[美]爱默生

作者简介

爱默生(1803~1882) 美国散文家、思想家、诗人。1837年他以《论美国学者》为题发表了一篇著名的演讲词，被誉为美国思想文化领域的“独立宣言”。文学批评家劳伦斯·布尔在《爱默生传》里说，爱默生与他的学说，是美国最重要的世俗宗教。作品有演讲稿汇编《论文集》，还有《代表人物》、《英国人的特性》、《诗集》等。

礼　貌

□[美]爱默生

一

在现代历史上，还有什么事情能比绅士的造就更加引人注目的呢？那便是骑士精神，那便是忠诚。在英国文学中，一半的戏剧以及全部的小说，从菲利浦·西德尼爵士到沃尔特·司各特爵士，所描绘的都是这一类的形象。“绅士”一词就像“基督徒”这一词语一样，赢得了人们对它的普遍重视，表达了对某个人所具有的那种难以言传的特性的敬佩之情。人们之所以会对这一词语具有持久的兴趣，必定是因为它代表了某些极为宝贵的特性。

绅士应该是一个实事求是的人，是一个能够支配自己的行为的人，并且将这一支配能力表现在自己的举止中，而不是用依赖和屈从他人的意见或他人的财产的方式表达出来。除了诚实与真正的魄力这一事实外，“绅士”一词还意味着温厚和仁慈。首先是侠骨，然后才是柔肠。在有关“绅士”的流行观念中，当然还得加上安逸富有这一条件。不过那是个人力量与仁爱的自然结果，因为他们应当拥有并分配这个世界上的财产。

二

按照流行的观点，要想成为一位绅士，一笔丰厚的财产是必不可少的。其实，最为基本的，并非是金钱，而是那种广泛的亲和力。因为，亲和力可以超越集团和阶级的壁垒，使各个阶层的人都能够感受到。苏格拉底、伊巴密浓达便是血统最为高尚的绅士，他们选择了贫困，尽管他们完全可以得到富裕。

在没有教养的人看来，彬彬有礼是令人生畏的，它是一种回避和恫吓的防身术。然而，一旦对方的技巧能够与之相抗衡，那么它就会立即垂下剑刃——其锋芒与壁垒都顿时消失了。这时候，青年人会发现自己置身于一种更加透明的氛围中，在那里，人生是一场较为得心应手的比赛，参赛者之间不会出现任何误会。礼貌的目的旨在促进生活，消除障碍，使人精神振奋、活力倍增。它有助于我们的行为和交际，就好像铁道有助于旅行一样，因为它排除了路途上一切可以避免的障碍，令人际交往的空间畅通无阻。这些礼仪很快被固定了下来，而良好的礼貌意识也随着人们的日益重视而得到了培养，于是，它就成为了一种社会与文明等级的标志。风尚就是这样逐渐形成的，它强大无比，怪诞无比，也琐碎无比，人们对它既敬畏之至又趋之若骛，无论是道德抑或暴力对它发动攻击，都会徒叹奈何。

人际交往最首要的要求便是实在。如果两个陌生人在经由了第三方的彼此介绍之后，能够定睛对视，紧紧握着对方的手，想要记住对方的特征，那么这真是皆大欢喜啊。一位绅士绝不会躲躲闪闪，他的双眼会正视前方。可惜，人类似乎具有一种躲闪的天性，他最害怕的，莫过于和自己的同类对视，难道不是这样吗？教皇派往巴黎的使节——红衣主教卡普拉拉便曾经为了躲避拿破仑的目光而戴上了一副非常大的绿色眼镜。拿破仑注意到了这一情形，于是立即设法令他摘下了眼镜。然而，反过来，尽管有80万大军作为后盾，拿破仑也同样不敢面对一双生来就自由的眼睛，而是用礼仪将自己团团围护了起来。我们从斯塔尔夫人那里得知，一旦拿破仑发现有人正在注意自己的时候，就会立即摆出一副毫无表情的面孔。然而，皇帝和富人绝不是讲求礼貌的大师，地租账簿和花名册都无法使偷偷

与人交谈一次，往往比多年闭门劳作更能启发心智。思想必定是在与人交往中产生，而在孤独中进行加工和表达。
——[俄]列夫·托尔斯泰

摸摸、遮遮掩掩显得威风凛凛。礼貌的首要之点便是真诚，因为，各种良好的教养都强调这一点。

三

我刚刚在阅读由赫兹里特先生所翻译的蒙田的《意大利旅行记》，最令我欣赏的，莫过于当时崇尚自尊的时代风尚。由于是一位法国绅士的大驾光临，所以，他每到一处都会成为一件大事。无论他走到哪里，只要途中有哪位王子或知名绅士居住在此，他都会前去拜访，他将此视为对自己和对文明所负有的责无旁贷的义务。如果他在哪一座宅第里住宿过几个星期，那么，临走的时候他便会命人将他的盾形徽章油漆一遍并且悬挂起来，以作为该宅第的一种永久性的标注，因为这是一种绅士的习惯。

作为这种优雅的自尊的补充，作为良好教养的各种特点的补充，我认为，最需要强调和坚持的一点就是尊重。我希望每把椅子都成为宝座，上面所坐的都是君王。我对君子之交的喜爱胜过过于亲密的友谊，让我们彼此之间不要太过熟稔。在一个人进入他的房子之前，我倒情愿让他先穿过一个摆满了英雄和圣徒的雕像的厅堂，这样他就能够得到一种宁静与镇定的启示。在天地万物之中，我愿意拥有一座无人侵犯的孤岛。让我们像众神一样分席而坐吧，在环绕着奥林匹斯山的一座座山峰上遥遥相望，侃侃而谈，这是一种让对方保持亲切的迷醉香。爱人们应当保持相互之间的陌生感，假如他们过分宽容，那么一切就会滑入混乱与鄙俗的境地。要将这种尊重推向一种中国式的礼仪并不困难；但是，冷静恬淡、从容不迫，才是品质优秀的表现。绅士沉默如山，女士则平静似水。

四

礼貌之花是经不起拨弄的，然而，假如我们敢于再展开一片花瓣来研究它的构造的话，那么我们就会发现一种智力上的特点。通常，缺乏礼貌就等于缺乏一种美感，缺乏一种对优雅的感知能力。相对于精致优美的姿态和习俗来说，人的质地则未免太过粗糙了。对于良好的教养而言，仁慈与独立精神的结合仍然是不够充分的。在我的同伴们中,我们迫切需要一种对美的感知与敬意。在田野和工厂里,还需要一些其他的美德。然而,在与我们行并肩、坐并股的人中间,一定的品位和情趣却是必不可少的。我宁肯同一个不敬重真理和法律的人一起用餐,也不愿意和一个衣冠不整、难登大雅之堂的人一同吃饭。尽管道德品质主宰着世界,然而,在近距离之内,感觉却处于支配地位。

精力充沛的阶层的普遍精神就是明智,当行则行,当止则止,它具有每一种天赋才能。爱好社交便是它的天性,因此,它尊重一切有利于人们团结的事物。它喜欢分寸。对美的热爱,主要就是对分寸与和谐的热爱。那种动辄尖声喊叫、言辞偏激或者面红耳赤的人,会把整个厅堂的人都吓得如鸟兽散的。假如你想获得人们的爱戴,那么就热爱分寸吧。在对分寸的把握上,如果你愿意藏拙,那么你就一定禀赋不凡或者将会大有作为。社会对于天才和特殊才能往往会宽容有加,然而,由于社会在本质上是一个集体,因此它热爱一切具有集体性质的事物,或者属于集合起来的事物,这就形成了礼貌的优与劣,也就是促进或者阻碍友谊的事物。因为,风尚的明智并不是绝对的,而是相对的;不是个人的明智,而是交朋结友的明智。它憎恶性格中的阴鸷(zhì)、暴戾(lì)与刻薄;它讨厌争强好辩、自高自大、任性妄为、孤僻冷漠、郁郁寡欢的人;它憎恨所有对和睦融洽有所妨碍的事物。同时,它重视一切使人精神振奋的特性,因为这些特性与美好的友谊是协调一致的。除了全面灌输提升文明的智慧外,智力的光辉为社会的规则和信誉增添了最辉煌的光彩,因此,在优雅的社会中,它永远是受欢迎的。

五

要想在社会上取得成功,就必须要具备一定的热忱和同情心。如果一个人在群体中郁郁寡欢,那么他就无法在记忆中搜寻到适合这种场合的只言片语。如果一个人在这一场合中兴高采烈,那么他在每一次谈话中就都能够找到畅所欲言的机会。那些社会的宠儿,即被社会称之为具有“完整灵魂”的人,都是一些能人,是一些既具有智慧、更富有精神的人。他们

在交谈中,判断比雄辩更重要。

——[西班牙]巴尔塔沙·葛拉西安

没有令人不快的自高自大，然而，他们确实能够使那一段时光过得十分充实，也能够令在场的人们都感到充实，无论是婚礼还是葬礼，舞会上或是陪审团中，水上聚会或是射击比赛，他们都可以不仅做到让自己心满意足，而且也能够使他人感到满意。

从最高的层面上来说，形形色色的礼貌都表现出了一种仁爱的精神。倘若这些礼貌从自私自利者的口中表现出来，用做牟取私利的手段，那会如何呢？倘若伪君子的连连鞠躬将真诚从世界上葬送掉的话，那会如何呢？倘若伪善者一个劲儿地向同伴彬彬有礼地讲话，令其他的人没有插嘴的机会，从而使他们感到被排除在外，那会如何呢？仁慈的感情最终会将上帝的君子和时尚的君子区分开来，这是无法掩饰的。

总是有一些衣着朴素却又令人钦佩的人，从码头上跳入水中去营救那些溺水者。还有那些慈善团体的发起人，那些为逃亡的奴隶充当向导并且向他们给予安慰的人，那些对波兰的犹太人以及希腊的独立运动予以支持的人。总有那种热心地栽种好树木以便让子孙后代乘凉摘果的老人，还有那种尽管身负恶名却能自得其乐的正义之士，有那种以富有为耻、急于将自己的钱财赠予他人的热血青年。所有这些人都是社会的良心，都是社会的中流砥柱。他们就是风尚的创造者，而这种风尚便是构成行为美的一种努力。

美丽的形体胜过美丽的面容，美丽的行为又胜过美丽的形体。比起雕刻和绘画来，它给予人们的乐趣要更为高尚，它才是艺术中的极品。在自然万物当中，一个人只不过是一个渺小的事物，然而，就他的面容所焕发出来的道德气质而言，他可以消除一切重大的顾虑，因为，他的礼貌可以与世界的威严相抗衡。

任何称之为风尚以及礼仪的事物，在荣誉以及尊贵的创造者，即爱心的面前，都会自惭形秽。仁爱之心，犹如一团火焰，能够战胜并发展一切接近自己的事物。

什么是富有？难道你富有得足以帮助任何人吗？难道你富有得足以使那些瘸腿的乞丐、神志不清的患者、疲惫不堪的打工者们都能够在凄凉和冰冷中感受到你那与众不同的高贵仪态吗？难道你富有得足以使他们能够感觉到你是以一种满怀希望的声音在迎接着他们吗？假如没有一颗富足的灵魂，那么财富就只不过是一个丑陋的乞丐。那位在王宫门口风餐露宿、一贫如洗的奥斯曼，却比施拉兹的国王更为富足。因为，奥斯曼是如此的宅心仁厚，尽管他的言语唐突，尽管他不太拘泥于《古兰经》中的教义，但是，那些无家可归的人、行为古怪的人、精神错乱的人、得意猖狂的人，莫不向他投奔而来——在这个王国里，他那颗博大的心灵，就有如太阳一般地温暖人心，将那些受苦受难的人们吸引到了自己的身边。难道这不是富有吗？难道这不是一种真正的富有吗？

与你共享

我们生活在社会里，必须和别人打交道，而礼貌是必不可少的。礼貌并不仅仅是一种交际仪式，更体现了我们对人的尊重，表现出我们良好的修养和丰富的同情心。礼貌的最高境界便是仁爱之心，它是人类灵魂中真正的财富。

（刘英俊）

从容不迫的举止，比起咄咄逼人的态度，更令人心折。

——（台湾）三　毛

礼貌是人际交往中的通行证。没有比彬彬有礼更好的介绍信。最有魅力的人总是最有礼貌的人，而不是外表最美的人。拥有礼貌的人，会到处受欢迎。

第 6 辑

通向友人之路

人生一世，离不开与他人的交往，更离不开友谊。与人来往，结交朋友，是人类的本能之一，它决定一个人生活世界的宽度和感情世界的厚度。

我们应该乐于交友，乐于群处，以仁厚、公正之心对待他人，无论和什么人交往都能一视同仁，在道义上团结他人，在感情上理解他人，在困难面前帮助他人。如此，我们的人生路上就总会绽放友谊之花。

作者简介

尤今　女，原名谭幼今，1950年生于马来西亚，成长于新加坡。现为新加坡《联合早报》、马来西亚《淑女》杂志撰写专栏文章，作品散见于中国台湾、香港、大陆和泰国及欧洲等地报纸杂志。1982年、1992年分别以游记《沙漠中的小白屋》和小说集《燃烧的狮子》获新加坡书业发展理事会“书籍奖”。

水乳不必交融

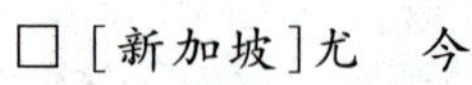

□［新加坡］尤　今

君子之交，不必要求“水乳交融”。

让水是水，乳是乳，才能彼此尊重。倘若不安本分的水硬生生地要把乳澄清为水，而不甘寂寞的乳又硬生生地要把水溶化为乳，结果呢，两败俱伤，水不是水，乳亦不会是乳。

心智成熟度不足的人，在择友而交时，不明白这个道理，盲目追求一种“不分你我”的交情，幼稚地想在外表和思想上同化对方。

她在你耳边喋喋不休地把她的人生观与价值观灌输给你，她很努力地在谋杀你的“自我”。她把你和她不同的地方看成是你性格里的“癌”，她用一把唤做“忠告”的宝剑来割去砍去她眼中这块“恶性瘤”，弄得你鲜血淋漓，痛苦万分。

然后呢，她会送礼，送你吃的，送你穿的，在口味上，在品味上，影响你，同化你。等到你和她好似孪生姐妹一样，同进共出，便算大功告成。然而，这时，两人的关系，已不是朋友了，你在不知不觉间，已变成了她的“私有财产”。这时的友谊，表面上看起来，非常的美丽，但是，它仅仅是建立在“镜花水月”的基础上。有朝一日，你突然清醒了，知道自己是浊化了的水，你悄悄地进行“自我净化”，“净化”的工作一旦完成，友谊立刻化做黄鹤，一去不返。

真正的友谊，是需要保持一定的距离的。有距离，才会有尊重；有尊重，友谊才会天长地久。

尊重的具体含义是：语言有分寸，行为不干涉，思想不入侵。

过火的玩笑、伤害自尊的忠告、传播恶毒的传言，都是没有分寸的语言；而在思想与外表上同化对方，无异于将友谊强行“奴化”。

交友之道与婚姻之道，是殊途同归的。你若是水，继续做水；她若是乳，也让她继续做乳，不必融在一块儿的。

与你共享

水乳不必交融，说的是在人和人交往中，要保持各自的独立和自主，不被他人同化或改变，也不去过分干涉别人的行为和思想。适当的距离可以产生美感，也能留给彼此一个喘息的空间。保持住自我，并尊重对方的自由，才是友谊真正的基础。 （刘英俊）

作者简介

大卫·休谟（1711~1776） 英国哲学家、历史学家、经济学家、美学家。近代不可知论的著名代表。著有《人性论》、《人类理解力研究》、《论审美趣味的标准》和逝世后出版的《论灵魂不死》等。

令人得益的社交

□［英］大卫·休谟

社交界是由一帮有着种种兴趣爱好喜欢交际的人汇聚而成的。愉快的鉴赏，轻松优雅的理智，对各种人类生活事务深浅不一的思考，对公共生活的责任感，对具体事物的缺陷或完美的观察，把人们从四面八方各个

阶层聚拢在一起。思考这样的一些问题,如果只靠一个人孤寂地进行是缺乏力度的,也是行不通的,需要与他一样的人参与进来,需要与同类的人谈话交流,以获得心智上应有的训练。这样一来人们自然会形成社会团体,其中的每个人都能够以他力所能及的最好方式发表他对种种问题的见解,交流信息,彼此获得愉快。

但是,这种聚会交谈必须要借助到诗歌、政论、历史及哲学中的道理,因为如果不借助这些,将不会有什么交谈的题目能适合于有理性的人的交谈。如果没有这类话题,我们的全部交谈岂不都成了无聊乏味的哼哼唧唧了吗,那样我们的心智还能有什么增益?除了老是那一套:

没完没了的胡吹瞎说和无聊之谈。

闲言碎语,家长里短。

搞得糊里糊涂,心烦意乱。

这样消磨时间在同伴间是最不受欢迎的,也是最耗损我们情趣和意志的。

与你共享

人类社会就像一架巨大的机器,只有各个部件之间充分的合作,和谐地进行组合,才能运转正常。令人得益的社交,是在事业上的相互合作,在人格上的相互完善,在知识上的优势互补,起取长补短、彼此均衡的作用。

(刘英俊)

作者简介

伏尔泰(1694~1778) 法国启蒙思想家、哲学家、史学家、文学家。18世纪法国资产阶级启蒙运动的旗手,被誉为“思想之王”、“法兰西最优秀的诗人”。代表作有史诗《亨利亚德》、悲剧《欧第伯》、哲理小说《老实人》、历史著作《路易十四时代》等。他的《哲学通信》被称为“投向旧制度的第一颗炸弹”。

友 谊

□[法]伏尔泰

人们都知道友谊跟爱情和恭敬一样不是强求得来的。“爱你左右的人就意味着援助你左右的人;但是他若令人讨厌,你不要与他攀谈取乐;如果他是一个夸夸其谈的人,你不要同他谈心;他如若是一个大手大脚爱花钱的人,那你就不要借钱给他。”

友谊是灵魂的姻缘,这种姻缘是可以离散的。

友谊还是两个有感情、有道德的人之间的一种默契。为什么说有感情呢?因为一个修士,一个孤独的人可能绝不是作恶之徒,然而也有缺少友谊而度生的。为什么说有道德呢?因为坏人只有同谋者,酒色之徒只有酒肉朋友,唯利是图的人所往来的只有合伙人,政客所联合的乃是一些党徒,游手好闲的人,只能有一些同伴,王子有的是帮闲佞臣,只有道德高尚的人才有朋友。

这一种在两颗温柔敦厚、公正廉明的心灵之间的约束有什么内容呢?这种道义约束的强弱全看感情的深浅和彼此之间友谊的薄厚。

在阿拉伯,友谊的发扬比我们的要热烈。

这些民族在友谊上想象出来的故事是令人心动的,但我们现实中却缺少伟大的友谊故事与之媲美。

与你共享

有一句老话说:“人生得一知己足矣!”讲的就是友谊的可遇不可求。

沉默是一种处世哲学,用得好时,又是一种艺术。

——朱自清

真正美好的友谊，正像伏尔泰说的那样，是一种“灵魂的姻缘”。它不以地位的高下为依据，也不以贫穷和富贵做准绳，而是拿心灵之间共同的美好做契机的。这种友谊，是人间最美好的情感。（刘英俊）

作者简介　米·普里什文（1873~1954）　苏联作家。20世纪苏联文学史上极具特色的人物。作品有小说《贝林捷雅的水泉》、《人参》和自传体长篇小说《卡舍依的锁链》，随笔集《跟随神奇的小圆面包》、《在隐没之城的墙边》等，主要描写自然景色、人的劳动和儿童心理。

通向友人之路

□［苏联］米·普里什文

追　随

生活中经常有这样的情形发生：某人辛辛苦苦地在很深的雪地里走过，另一个人怀着感激之情顺着他的脚印走过去，然后是第三个、第四个……于是那里渐渐形成一条老少皆可通行的新路。就这样，由于一个人，整整一冬就有一条冬季的道路。

但也有这样的情形发生，那人走过之后，脚印白白留在那里，再没有人跟着走，于是紧贴地面吹过的暴风雪掩盖了它，很快雪地恢复原样。

大地上我们所有的人命运都是这样的：往往是同样劳动，运气却各不相同。

美的诞生

世人都知道玫瑰需要粪的滋养，但世人看到的只是娇艳的玫瑰而看不见粪，也就是肥料。应当展示玫瑰本身，也稍许留下一点儿腐臭变质的粪，为的是指出美的近旁是粪，紧挨着自由的是它从中挣脱出来的必需。

通向友人之路

亲爱的朋友，不要理会，更不要惧怕那些使你不得安宁，不得入睡的思想。不要睡去，就让这思想钻透你的心灵，你要忍耐些，这烦忧是会有个尽头的。

你不久就能感觉到，你极需要从心里开通与另一个人心灵的路，而在这个夜晚使你心绪不宁的，就正是要从你这里开辟一条通向另一个人的路径，为的是让你们能在一起聚会。

与你共享

通向友人的路，在自己的心里。首先需要敞开自己的心扉，让友谊的使者走出去，然后才能敲开友谊的大门，并最终在两颗心之间铺平一条道路。所谓友谊，不仅是相互间的支持与帮助，更是心灵与精神上的默契与交融。有了心灵的这条通路，友谊才会越走越顺。（刘英俊）

当你思考准备说什么的时候，就做出一副彬彬有礼的样子，因为这样可以赢得时间。
——[英]戴尔·卡罗尔

作者简介

毕淑敏　女，1952年生于新疆。当代作家、心理咨询师。曾在西藏当兵11年。从事医学工作20年后，开始文学创作。主要作品有长篇小说《红处方》、《血玲珑》、《拯救乳房》、《女心理师》，以及最新出版的《鲜花手术》、《心灵眼睛》、《女儿拳》等。曾获《小说月报》第四、五、六届百花奖，当代文学奖，昆仑文学奖等各种文学奖项30余次。王蒙称其为“文学的白衣天使”。

友　情

□毕淑敏

现代人的友谊，很坚固又很脆弱。它是人间的宝藏，需要我们珍爱。

友谊的不可传递性，决定了它是一部孤本的书。我们可以和不同的人有不同的友谊，但我们不会和同一个人有不同的友谊。友谊是一条越掘越深的巷道，没有回头路可以走的，刻骨铭心的友谊也如仇恨一样，没齿难忘。

友情这棵树上只结一个果子，叫做信任。红苹果只留给灌溉果树的人品尝。别的人摘下来尝一口，很可能酸掉了牙。

友谊之链不可继承，不可转让，不可贴上封条保存起来而不腐烂，不可冷冻在冰箱里永远新鲜。

友谊需要滋养。有的人用钱，有的人用汗，还有的人用血。友谊是很贪婪的，绝不会满足于风餐露宿。友谊是最简朴同时也是最奢侈的营养，需要用时间去灌溉。友谊必须述说，友谊必须倾听，友谊必须交谈的时刻双目凝视，友谊必须倾听的时分全神贯注。友谊有的时候是那样脆弱，一句不经意的言辞，就会使大厦顷刻倒塌。友谊有的时候是那样容易变质，一个未经证实的传言，就会让整盆牛奶变酸。

这个世界日新月异。在什么都是越现代越好的年代里，唯有友谊，人们保持着古老的准则。朋友就像文物，越老越珍贵。

礼物分两种，一种是实用的，一种是象征性的。

我喜欢送实用的礼物。

不单是因为它可为朋友提供服务功能，更因为我的利己考虑。

此刻我们是朋友，十年以后不一定是朋友。

就算你耿耿忠心，对方也许早已淡忘。

速朽的礼物，既表达了我此时此刻的善意，又给予朋友可悦目、可哈哈一笑或是凝神端详的价值，虽是一次性的，也留下美好的瞬间，我心足矣。

象征久远意义的礼物，若是人家不珍惜这份友谊了，留着就是尴尬。或丢或毁，都是物件的悲哀，我的心在远处也会颤抖。

若是给自己的礼物，还是具有象征意义的好。比如一块石子、一片树叶，在别人眼里那样普通，其中的美妙含义只有自己知晓。

电话簿是一个储存朋友的魔盒，假如我遇到困难，就要向他们发出求救信号。一种畏惧孤独的潜意识，像冬眠的虫子蛰伏在心灵的旮旯。人生一世，消失的是岁月，收获的是朋友。虽然我有时会几天不同任何朋友联络，但我知道自己牢牢地黏附于友谊网络之中。

利害关系这件事，实在是交友的大敌。我不相信有永久的利益，我更珍视患难与共的友谊。长留史册的，不是锱铢必较的利益，而是肝胆相照的情分，和朋友坦诚地交往，会使我们留存着对真情的敏感，会使我们的眼睛抹去云翳，心境重新开朗。

与你共享

友情之所以宝贵，在于它的真诚与无私。以利益做纽带，看似关系密切，实际上这种联系却容易被利益扯断。我们都渴望拥有友情和朋友，那就让我们敞开心扉，真诚地待人吧。用信任和别人交往，收获友谊时，我们也能感受到自己人格的提升。（刘英俊）

对别人述说自己，这是一种天性。因此，认真对待别人向你述说的他自己的事，这是一种教养。
——[德]歌　德

作者简介 胡适（1891~1962） 原名洪骍，字适之，安徽绩溪人。现代学者，历史学家、文学家、哲学家。曾师从美国实用主义哲学家杜威。宣传个性自由、民主和科学，积极提倡“文学改良”和白话文学，成为当时新文化运动的重要人物。主要著作有《胡适文存》、《胡适论学近著》、《胡适学术文集》等。

独立、合群与用功

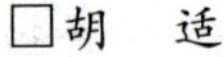

□胡　适

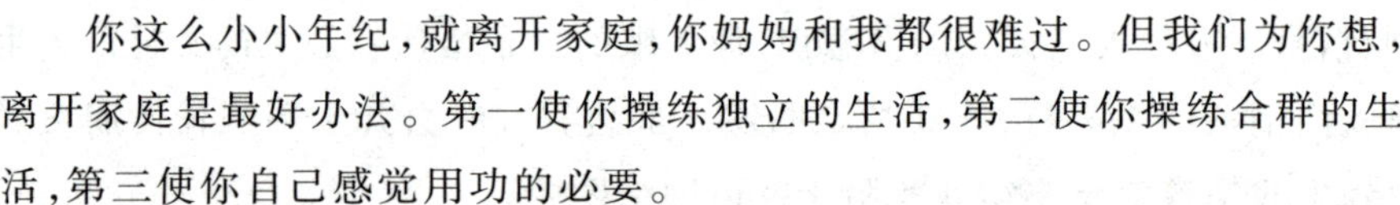

你这么小小年纪，就离开家庭，你妈妈和我都很难过。但我们为你想，离开家庭是最好办法。第一使你操练独立的生活，第二使你操练合群的生活，第三使你自己感觉用功的必要。

自己能供应自己服事自己，这是独立的生活。饮食要自己照管，冷暖要自己知道。最要紧的是做事要自己负责任。你功课做得好，是你自己的光荣；你做错了事，学堂记你的过，惩罚你是你自己的羞耻。做得好，是你自己负责任。做得不好，也是你自己负责任。这是你自己独立做人的第一天，你要凡事小心。

你现在要和几百人同学生活了，不能不想想怎样才可以同别人合得来。人同人相处，这是合群的生活。你要做自己的事，但不可妨害别人的事。你要爱护自己，但不可妨害别人。能帮助别人，须要尽力帮助人，但不可帮助别人做坏事。如帮人作弊，帮人犯规则，都是帮人做坏事，千万不可做。

合群有一条基本规则，就是时时要替别人想想，时时要想想假使我做了他，我应该怎样？我受不了的，他受得了吗？我不愿意的，他愿意吗？你能这样想，便是好孩子。

你不是笨人，功课应该做得好。但你要知道世上比你聪明的人多得很。你若不用功，成绩一定落后。功课及格，那算什么？在一班要赶在一班的最高一排，在一校要赶在一校的最高一排。功课要考优等，品行要列最

优等，做人要做最上等的人，这才是有志气的孩子。但志气要放在心里，要放在工夫里，千万不可放在嘴上，千万不可摆在脸上。无论你志气怎样高，对人切不可骄傲。无论你成绩怎么好，待人总要谦虚和气。你越谦虚和气，人家越敬你爱你，你越骄傲，人家越恨你，越瞧不起你。

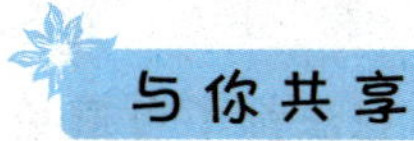

与你共享

独立、合群与用功，无疑是一个人能够最终在社会上立足的几个着重点。独立指的不仅是生活上的自理和自立，还有人格与精神上的自主意识；合群讲的是如何与他人相处；用功说的是恒心和意志，有了它我们才能掌握真才实学。这三条相辅相成，又缺一不可。（刘英俊）

作者简介

赫伯特·H.莱曼（1878~1963）美国政治家，美国民主党成员，曾任纽约州州长、美国参议院议员和联合国善后救济总署总干事。

交友的唯一方式

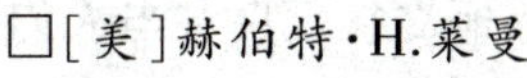

□［美］赫伯特·H.莱曼

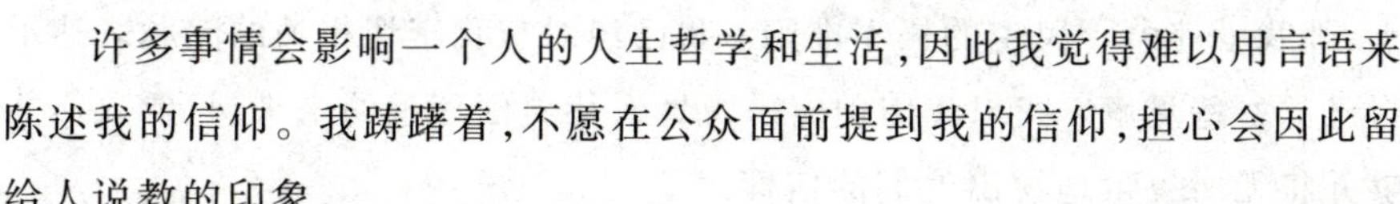

许多事情会影响一个人的人生哲学和生活，因此我觉得难以用言语来陈述我的信仰。我踌躇着，不愿在公众面前提到我的信仰，担心会因此留给人说教的印象。

然而，我相信有两条信念无论是在公共还是在私人生活方面，都对我产生了最深刻的影响。

第一条，它可能听起来像老生常谈，我相信我们对生活付出多少，就会

自尊心是进步之母，自贱心是堕落之源。故自尊心不可无，自贱心不可有。——邹韬奋

收获多少。第二条，即使我和他人意见不同，我仍然应该尊重他们的观点。

在我漫长而忙碌的一生中，我始终坚守一个信念：我对生活付出多少，就会收获多少。如果这种人生哲学是正确的——我也相信如此——那么我希望它能适用于我的一切活动——我的家庭，我的日常工作，我的政治活动，尤其是我和他人的关系。

生活并不是单行道。我的行为、我的言谈，甚至我的想法都不可避免地会直接影响我和他人的关系。我确信我对他人的态度多少表明了我的忠诚、真挚、诚实、谦恭和公正，我也鼓励他人以同样的态度对待我。尊重他人必被人尊重，怀疑他人必被人怀疑，嫉恨他人必遭人嫉恨。人们常说："交友的唯一方式就是做他人的朋友。"

我们美国公民自由的伟大传统中没有任何一项是自动生效的。要使诸如兄弟情谊、仁慈、同情、人类的行为准则、机会、自由以及生命的珍贵等生效——要使这些成为现实，就需要尊重和常备不懈。这就是我的美国信仰之核心。

正如我所说过的，我认为我必须帮助所有人捍卫他们的言论自由，即使我和他们意见不同。我必须倾听并研究责任重大的观点；有时我会从中学到很多。任何个人或国家都无法独享智慧或才能。一个人或一个国家开始骄傲自满之日，我想，便是它令人深感忧虑之时。对他人的观点置若罔闻的人事实上是对他们自己观点的完整性缺乏信心。

毫无疑问，美国人与生俱来的权利，是在一切领域享有平等的机会谋取自身的利益、获得适当的生活条件、足够的经济实力培养孩子的道德和精神，享有在法律和上帝面前平等的身份与同胞自由地交往。只有当人们能自由地思考和发表自己的见解时，这些权利才能够得到捍卫和发展。如果我试图阻止一个具备不同背景的公民就任何话题自由地发表自己的观点，那我就违背了民主的根本准则。我已经对与我密切相关的问题表达了自己的一些见解。我想我们理应乐观地看待美国理想的未来，只要人们能够并将无所畏惧地说出他们的信仰。

与你共享

文章说到的两条信念，从根本上看是相通的，它们都包含着一条原

则：为他人付出。正是因为这条原则，指导着我们能够平等而友好地与别人相处。也正是在它的指导下，我们才会说："我不赞同你的观点，但是我誓死捍卫你说话的权利。"

（刘英俊）

作者简介

约翰·亨利·纽曼（1801~1890）19世纪英国维多利亚时代的著名神学家、教育家、文学家和语言学家。著作有《大学的理想》等。

君子

□［英］约翰·亨利·纽曼

真正的君子避免与周围的关系产生任何矛盾与冲突，诸如一切意见的冲撞、感情的纠结，一切拘束、猜忌、忧郁、愤懑等。他最关心的是使人人心情舒畅、自由自在。他的心总是关注着全体人员。

对于腼腆的，他便温柔些；对于隔膜的，他便和气些；对于荒唐的，他便宽容些；他对正在和自己谈话的人的脾气，能时刻不忘；他对那些不合时宜的事情或话题都能尽量留心，以防刺伤对方；另外在交谈时既不突出自己，也不令人厌烦。当他施惠于他人时，尽量将这类事做得平淡，仿佛自己是个受者而非施者。从不提起自己，除非万不得已；他绝不靠反唇相讥来维护自己；他把一切诽谤流言都不放在心上；他对一切有损于自己的人从不轻易怪罪，另外对各种行为言论也总是尽量妥善解释。与人辩论时他丝毫也不鄙吝褊(biǎn)狭，既从不无理地强占上风，也不把个人意气与尖刻词句当成论据，或在不敢胡言时恶毒暗示。

他目光远大、深思熟虑，每每以古人的格言作为自己的行动准则，即

尊重别人并不是圆滑，而是一个人应有的礼貌和谦虚的表现。

——［法］罗曼·罗兰

使对待仇人，亦以他日争取其作友人为目标。他深明大义，故不以受辱为意；他志行高洁，故不对毁谤置念；他有事可做，故无暇对人怀抱敌意。他耐心隐忍、逆来顺受，而这样做又都以一定的哲理为根据；他甘愿吃苦，因为痛苦不可避免；他甘愿孤独，因为这事无可挽回；他甘愿死亡，因为这是他的必然命运。如果他与人涉入任何问题之争，他那训练有素的头脑总不致使他出现一些聪明但缺乏教养的人所常犯的那种冒失无礼的错误：这类人仿佛一把钝刀，只知乱砍一通，却不中要害，他们往往把辩论的要点弄错，把气力虚抛在一些琐事上面，或者对自己的对手并不理解，因而把问题弄得更加复杂。

至于君子的看法正确与否，倒似乎无关宏旨，但由于他的头脑极为清醒，所以能避免不公。在他身上，我们充分见到了气势、淳朴、简练；在他身上，真挚、坦率、周到、宽容得到了最充分的体现。他对对手的心情最能体贴入微，对他的短处也能善加护卫。他对人类的理性不仅能识其长，而且能识其短，既知它的领域范围，又知它的不足。

与你共享

孔子说过一句话："君子求诸己，小人求诸人。"意思是说有德行的人，遇到问题时更多的是从自己身上找原因，而没有德行的人，则总是要从别人身上找问题。只有心胸开阔，为别人着想，才能与他人友好相处。 （刘英俊）

处世的艺术

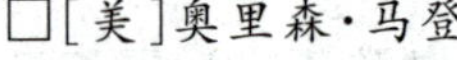

□［美］奥里森·马登

（作者简介见第120页）

"唉！我真希望自己能吸引一些朋友，能成为一个受欢迎的人！"

天下不知有多少人或因生性怪癖，或因没有吸引他人的能力，无缘享受友谊之乐，这是十分遗憾的。

友谊的取得与否，决定于你自己。只要你能在日常生活中，处处表现出爱人与善意的精神，人们将乐于亲近你。如果你只为自己打算，则将受到冷淡。

吸引朋友的最好方法，在于显示你对别人的关心。但这不能是做作，必须真的对别人关心。否则，人家要指责你的虚伪。有些人一生吸引不到人，交不到朋友，就因为他们只顾自己，“独善其身”，久而久之，便失掉与外界的联系与同情了。

不管你一生中，环境怎样的不顺利，遭遇怎样的坏，但你仍然可以在你的举止态度上，显示出你的亲爱、和蔼、愉快的精神，而使得人们于不知不觉之中，会来亲近你。

我认识一个人，他身上似乎有一种“离心力”，他一到，人们会立刻离他而去。对此，他觉得是一个哑谜。他本领强，工作能干，他也想跟别人亲近，却不能如愿以偿。他懊丧地发现，比他能力低的人，却到处受人欢迎。他觉悟不到，他的不受人欢迎的关键，就在于他的自私心理。他总是为自己打算盘。他从不肯花些时间，抛掉自己的事情，去为他人打算。每次和人谈话，他总要把话题拉到他自己的事上去。

一个人老是顾自己，只打自己的算盘，他一辈子也吸引不到朋友。但一旦他对别人的事，能感兴趣，表示关心，他立刻会具有一种吸引力。他和别人之间，则由“相拒”变为“相吸”了。

人生的大事，不在赚钱，在于把我们最高的内在力量，最善美的天性，充分发挥出来。这样，我们就能成为受欢迎的人了。

要想吸引朋友，本身必须有可爱的品性。自私、小气、嫉妒，以及不乐于成人之美，不喜于闻人之誉的人，不能获得朋友。

有使自己受人欢迎、敬重的志愿，等于有求得高贵人格的志愿。有这种志愿的人，必能提高自己的人格。

与你共享

我们与人相处时，只要时刻能顾及到他人的感受，凡事多从对方的角度考虑，我们的身边就会有很多朋友。自私和自利只能让友谊远离我们，只有真诚的付出才会让我们成为人群里受欢迎的人。（刘英俊）

不要对每一个泛泛的新知滥施你的交情。

——[英]莎士比亚